從主禱文認識聖經

Ⅲ. 在基督裏、八福、真理與自由

用主禱文禱告
認識聖經
以主禱文為指引
認識聖經

張慶安　著

美商EHGBooks微出版公司
www.EHGBooks.com

EHG Books 公司出版
Amazon.com 總經銷
2024 年版權美國登記
未經授權不許翻印全文或部分
及翻譯為其他語言或文字
2024 年 EHGBooks 第一版

ISBN-13：978-1-66580- 028-0

序

這是『**從主禱文認識聖經**』**系列**第三冊，由作者所著書中的三本書組成：

- 『**主禱文 VI · 在基督裏**』
- 『**主禱文 · 八福**』
- 『**主禱文 X · 真理與自由**』

整個系列共六本，分為：

一、『從主禱文認識聖經I.介紹.信望愛.捨己與十字架』

二、『從主禱文認識聖經II.凡事謝恩.只見耶穌.道路真理生命』

三、『從主禱文認識聖經III.在基督裏.八福.真理與自由』

四、『從主禱文認識聖經IV.生命的糧.復活.信心與行為』

五、『從主禱文認識聖經V.羅馬書.約翰一書.賞賜.人活着』

六、『從主禱文認識聖經VI.以弗所書.啟示錄.十字架』

各含三至四本已放在網站上，認識不同經文的書。為在Amazon出版的考量，以此合并方式出版。全部**目錄**和**認識經文**如下(註：每個主題後，括弧所示為**原書在網站登錄之書名**)：

一、『從主禱文認識聖經I』：從主禱文認識聖經介紹(『從主禱文認識聖經』)；信望愛(『主禱文II. 信望愛』)；捨己與十字架(『主禱文III. 捨己與十字架』)

二、『從主禱文認識聖經II』：凡事謝恩(『主禱文IV. 凡事謝恩』)；只見耶穌(『主禱文VII. 只見耶穌』)；道路真理生命(『主禱文V. 道路真理生命』)

三、『從主禱文認識聖經III』：在基督裏(『主禱文VI. 在基督裏』)；八福(『主禱文. 八福』)；真理與自由(『主禱文X. 真理與自由』)

　　四、『從主禱文認識聖經IV』：生命的糧(『主禱文. 生命的糧』)；復活(『主禱文. 復活』)；信心與行為(『主禱文. 信心與行為』)

　　五、『從主禱文認識聖經V』：羅馬書八章(『主禱文. 羅馬書八章 I.』)；約翰一書(『從主禱文認識約翰一書I. 我們在天上的父』)；賞賜(『主禱文. 賞賜』)；人活着十三篇(『主禱文IX. 人活著十三篇』)；

　　六、『從主禱文認識聖經VI』：以弗所書I (『從主禱文認識以弗所書I.』)；啟示錄I(『從主禱文認識啟示錄 I.』)；十字架十三篇(『主禱文VIII. 十字架十三篇』)

　　以此系列介紹

如何從主禱文認識聖經

　　盼望給對認識聖經有興趣的人，在坊間已有的不同認識聖經方法之外，介紹這一少見的

從主禱文認識聖經

　　之法。願上帝祝福一試的弟兄姐妹。阿們。

張慶安　謹識

2023年12月4日

亞特蘭大　美國

前言

查經是基督徒習知的認識聖經方式。在教會中，查經對許多基督徒都有特別的幫助。但是用那種查經方法最好？可能看法莫衷一是。

筆者所知：目前在北美華人教會中，用「歸納法」查經的教會可能不少。較少聽到用「演繹法」查經。

在本書中，思考另外一種認識聖經的方法：

用主禱文

二十多年前，在一次特別的需要中，希望用主禱文禱告解決遇到的問題。結果沒有想到：

不但得到最好的合乎聖經答案

更且從兩段不相干的經文認識奇妙的關聯

對兩段經文有進一步的認識

這樣的經歷，在其後二十多年用主禱文禱告中，屢次出現，不斷得到對聖經的認識。因此，在這本書中介紹這樣認識聖經的方法。這是原來完全沒有任何發展成查經方法的想法。

在介紹「**如何用主禱文禱告**」、及如何獲得對聖經的認識之後，另外拓展到「**只用主禱文作指引，不經過禱告**」，來認識聖經。兩者固然方式不同，得到的認識也可能不同。這裏是筆者的建議：

把「以主禱文為指引」的方式

作為「從主禱文認識聖經」的入門

以「用主禱文禱告」作為進深認識聖經的方式

因為那是沒有任何人為的預設立場

完全由聖靈帶領禱告所得到的領受

兩者間另一主要區別，在於：

用主禱文禱告認識聖經

需要對聖經有相當的熟悉度

這個需要的原因、以及如何快速熟悉聖經，都將在本書中介紹。

目錄

第一部　在基督裏『主禱文VI.　在基督裏』

從主禱文裏揀選

認識上帝在基督裏的揀選

從主禱文認識在基督裏

從在基督裏認識主禱文

楔子

新約聖經的一個極寶貴教導是

在基督裏

但是，

什麼是「在基督裏」？如何「在基督裏」？

表面和字面上，這似乎是一個非常抽象的概念。

聖經又教導：

上帝在創世之前

「在基督裏」揀選了祂要救的人

和上面的問題一樣，這又是指什麼？

上帝如何「在基督裏」如此作？

明白「在基督裏」，能使基督徒得到上帝為他們預備的極寶貴福氣。也讓基督徒知道自己的靈命狀況與上帝的要求差多遠，以及具體知道該往什麼方向改進。

這裏是最近一次禱告的心得，決定寫此書。

『**(8/30/2013, 4:38 am)**

再次謝謝上帝的大恩典，太寶貴了。

1. 為了向新來的學生傳福音而禱告，聖靈卻賜下一連串寶貴的認識。

2. 「在基督裏」。主禱文就是「在基督裏」。只有在基督裏，九句主禱文才能實現。

3. 「我們在天上的父」。只有基督是天父兒子。我們要作天父兒子，只有在基督裏。謝謝上帝。

4. 「願人都尊你的名為聖」。世上沒有一個人，沒一個屬血氣的人，能、肯、可能尊上帝為聖。只有出於上帝的獨生子才能。要尊上帝為聖，只有在基督裏。

5. 「願你的國降臨」。只有基督在上帝的國裏。除了從天降下、仍舊在天的人子，沒有人升過天。既然沒人，就只有在基督裏才可能。

6. 「願你的旨意行在地上，如同行在天上」。只有基督如此遵行上帝旨意。因此，不在基督裏不可能。

7. 「得日用飲食：聖靈」。更非在基督裏不可。

8. 「免我們的債，如同我們免了人的債」。上帝免我們的債，是因為基督受死。我們一定要聯於基督的死，才被免債。一旦在基督裏，基督的愛自會帶我們免人的債，就像枝子在葡萄樹上，才能結果子：饒恕一樣。

9. 「不叫我們遇見試探」。私慾牽引、誘惑我們。這一切都是體貼肉體。而體貼肉體就是死。一旦愛世界，愛父的心就不在我裏面。原來我盡力愛上帝，只是為了得到我私慾想得的！太危險了！太可怕了！感謝上帝，再一次救我。不然，那哀哭切齒的人非我莫屬了。謝謝天父。只有在基督裏，才沒有私慾，才不被誘惑牽引。更證明基督是甘願為我們受試探。

10. 「救我們脫離兇惡」。原來這兇惡不是今生的生死，而是與上帝隔絕的死。是「你吃的日子必定死」的死。又惡又懶的人，是體貼肉體的懶與惡。體貼肉體的就是死，就是與上帝隔絕。「你們這些作惡的人，我從來不認識你們」。又是連於惡者的人，也是與上帝隔絕。雖然表面殷勤作「主」工，卻是作惡的人。只有在基督裏，才能不與上帝隔絕。才能完全脫離惡者，因為世界的王在基督裏毫無所有。

11. 「國度、權柄、榮耀、全是上帝的」。只有在基督裏那才可能。

12. 因此，上帝在基督裏揀選我們，就是在主禱文的九句裏揀選！從此，「在基督裏」顯得更具體、更明白、更容易知道該遵行什麼了。太感謝上帝這樣啟示。阿們。

13. 用「在基督裏」認識主禱文，是何等寶貴的啟示！求上
帝帶我好好思考、認識。再用主禱文認識「在基督裏的
揀選」。太謝謝上帝。

謝謝天父不停的啟示，賜我這不配的人那麼多的認識和服事
的機會。求天父帶我真正的「除了祂以外，沒有別的神」。

謝謝主耶穌的一切教導和榜樣。主禱文既是主賜下，要門徒
遵行的，主自己必已作了榜樣。因此，帶我明白：原來主禱文就
是「在基督裏」主自己的榜樣！！！太感謝主耶穌了。求主帶我
成為良善，才能向祂盡忠。謝謝主耶穌為我代求。

謝謝聖靈這樣教導我。一再使我想起主的話，而帶我明白真
理。求聖靈幫我記得禱告所得，寫出來。讓我更明白，也讓許多
的人也得幫助。阿們。』

張慶安　謹識

2013年9月13日

亞特蘭大　美國

第一章　我們在天上的父

- 「我們在天上的父」。只有基督是天父兒子。我們要作天父兒子，只有在基督裏。謝謝上帝。

一、「我們在天上的父」就是「在基督裏」。只有在基督裏，「我們在天上的父」才能實現

這裏立即想到幾處經節：

- 聖父在聖子裏，聖子在聖父裏
- 子與父原為一
- 子與父合而為一
- 人看見了子、就是看見了父
- 從來沒有人看見上帝，只有在父懷裏的獨生子將祂表明出來

這是**天父與基督的關係**。

用主禱文，稱呼上帝為父時，表明我們是祂的兒女。既是兒女，就一定要與祂的獨生子基督相似和相稱。按照主耶穌的教導和禱告，

- 基督是道路、真理、生命。若不藉著基督，沒有人能到上帝那裏去
- 主耶穌向天父說：你父在我裏面，我在你裏面，使他們也在我們裏面
- 又說：我在他們裏面，你在我裏面，使他們完完全全的合而為一

從筆者對這些教導的淺顯認識，

天父在我們裏面

因為天父首先在基督裏面

也就是說

藉著基督，天父才會在我們裏面

另一方面，

> 我們能在天父裏面
>
> 也是因為我們能先在基督裏面
>
> 藉著在基督裏，我們才可能在天父裏面

若從這些經文看，

> 「藉著基督」就是「在基督裏」之意

也就是說，

> 若不在基督裏，沒有人能到天父那裏去

同時，

> 若不在基督裏，天父不會進入任何人裏面

總結上帝和我們的父子關係，

> 若不在基督裏
>
> 上帝不可能成為我們的父
>
> 我們也不可能成為上帝的兒女

再深一層，認識

> 基督是上帝和人之間的中保身份：
>
> 基督的中保職分與任何旁觀者無關
>
> 唯有進入基督的人，這中保關係才成立

感謝上帝給此極寶貴的認識。

二、上帝在基督裏揀選我們，就是在「我們在天上的父」裏揀選

> 什麼樣的人能被上帝揀選？

就是

> 在基督裏的人

再問：

> 誰在基督裏？

就是上面所說

　　　藉著基督，到上帝那裏，成為上帝兒女的人

這樣對**上帝揀選**的認識如下：

　　　上帝從所有人類中揀選了一些人

聖經清楚教導：

　　　這樣的揀選是在基督裏揀選

　　　揀選後，使這些人成為祂的兒女

● **不是說**：這些人先在基督裏，才被上帝揀選。
● **不是說**：上帝從許多已經在基督裏的人中間，揀選一些人。

而是說：

　　　上帝只揀選那些祂預定在基督裏的人

再換句話說，

　　　上帝在祂所造的人中，在基督裏預定了一些人

　　　這些人是上帝從全人類中揀選的人

　　　這些人是在「基督裏」預定，在「基督裏」揀選

因此，這些人

在這樣的預定和揀選中，已經進入基督，已經在基督裏

　　　也在上帝的預定中，已經藉著在基督裏

　　　到上帝面前，稱上帝為父，成為上帝的兒女

　　　這樣的揀選才能使所有被揀選的人

　　　在上帝面前，成為聖潔，無有瑕疵

因為

一切都是藉著上帝的獨生子基督，一切都是在基督裏

　　　只有基督是聖潔、沒有瑕疵

　　　也只有在基督裏的人，才能聖潔、沒有瑕疵

感謝上帝的教導。

三、用「在基督裏」認識「我們在天上的父」

上面引述經文：

● 從來沒有人看見上帝，只有在父懷裏的獨生子將祂表明出來。

● 我是道路、真理、生命，若不藉著我，沒有人能到上帝那裏去。

因此，

要認識天父，非藉著基督不可

要認識天父，非在基督裏不可

同時，只有上帝的兒女，才有資格稱上帝為父。因此，承上：

要成為上帝的兒女，非藉著基督不可

要成為上帝兒女，非在基督裏不可

主耶穌向天父禱告：

● 認識你獨一的真神，並且認識你所差來的耶穌基督，這就是永生

這裏雖然看起來是兩個認識：認識上帝，和認識基督。但是從上面的思考，

認識上帝，也要藉著基督，也要在基督裏才有可能

認識基督自己，更要在基督裏才可能

因此，

要藉著認識上帝和認識基督而得永生

一定要在基督裏才能認識

進一步思考主耶穌說的話：

● 認識獨一真神，和認識耶穌基督，這就是永生

實在是太寶貴的真理和教導：

所有得永生的人都稱上帝為天父

因此，

一定要認識這位天父，才能成為祂的兒女

同時，

要作上帝的兒女

一定要認識上帝的獨生子基督耶穌

才知道什麼是上帝兒女，以及怎樣才像上帝兒女

因此

一定也要認識耶穌基督

主耶穌又說：

● **除了父，沒有知道子。除了子和子所願意指示的，沒有人知道父**

再一次，

要認識在天上的父，只有藉著聖子

也就是此地一再強調的

在基督裏

感謝上帝，主耶穌的話句句真理。無知的只是我們這些魯鈍、頑梗、不憑信心接受、和不饑渴慕義的人。求上帝憐憫。阿們。

四、用「我們在天上的父」認識「在基督裏的揀選」

這個主題和本章第二個主題似乎是一樣的意思。但是仔細比較，並非如此。反而是從相反的角度，思考「我們在天上的父」與「在基督裏的揀選」的關係。

在本書「**楔子**」中，主禱文與「在基督裏」有兩層要思考的：

● 從主禱文認識「在基督裏」（這是**第四**主題）

以及

● 從「在基督裏」認識主禱文（這是**第二**主題）

因此，此節要思考的是

● 上帝為什麼要「在基督裏揀選」那些人？

這揀選的根據是：

● 主禱文的「我們在天上的父」

是為了

揀選「稱上帝為父」的人

為了

揀選「成為上帝兒女」的人

這裏先指出：

● 不是上帝預知這些人會稱上帝為父而揀選。

● 也不是預知這些人會成為上帝兒女而揀選。

這是一些不願接受上帝預定，而把聖經的預定經文都解釋為預知的人的看法。筆者不同意這樣的解釋。因為

● 不可能有任何罪人，靠自己能稱上帝為父。

● 更不可能有任何罪人，靠自己就能成為上帝兒女。

這樣與第二主題反向思考的幫助是：

上帝揀選的目的為何？

這是一個極重要的真理，不是只作神學探討。對這一問題的認識，關係我們的信心至鉅。這直接帶來兩個重要認識：

上帝為什麼要救我們？

及

救了以後，要我們成為什麼樣的人？

這一章的認識因此是：

要我們稱上帝為父

要我們成為上帝兒女

這是

上帝在基督裏揀選我們的目的

五、「我們在天上的父」就是「在基督裏」主自己的榜樣

從上面的思考，

主耶穌自己就是這一切思考、認識的榜樣

- 主耶穌是上帝的獨生子
- 人看見了主耶穌，就是看見了上帝
- 只有在父懷裏的獨生子，將祂表明出來

基督從亙古到永遠，是天父的獨生子，永遠稱天父為父。除了聖子，沒有任何其它被造物有這個特權和神性。因為

太初有道，道與上帝同在，道就是上帝

基督就是道，就是上帝

聖子基督是天父上帝唯一的兒子

唯一稱上帝為父的一位

也因此是主禱文中，

「我們在天上的父」的唯一榜樣

這榜樣是「在基督裏」

阿們。

主耶穌在地上時，自稱「人子」。因為主耶穌站在人性的地位，說這些話。我們都是人的兒女，被上帝接納成為天國的兒女。從地上的人子，成為天上的神子。和主耶穌從神子成為人子的順序正好相反。因此，主耶穌在地上的「人子」身份、心態、和經歷，應該是我們的最好榜樣。

這裏是馬太福音裏，主耶穌自稱「人子」的經節：

- 人子卻沒有枕頭的地方。
- 人子在地上有赦罪的權柄。
- 以色列的城邑你們還沒有走遍，人子就到了。

- 人子來了，也吃也喝，人又說他是貪食好酒的人，是稅吏和罪人的朋友。
- 人子是安息日的主。
- 凡說話干犯人子的，還可得赦免。
- 約拿三日三夜在大魚肚腹中，人子也要這樣三日三夜在地裏頭。
- 那撒好種的就是人子。
- 人子要差遣使者，把一切叫人跌倒的和作惡的，從他的國裏挑出來，丟在火爐裏。
- 問門徒說：人說我人子是誰？
- 人子要在他父的榮耀裏，同著眾使者降臨。
- 人子還沒有從死裏復活，你們不要將所看見的告訴人。
- 人子也將要這樣受他們的害。
- 人子將要被交在人手裏，他們要殺害他，第三日他要復活。
- 到復興的時候，人子坐在他榮耀的寶座上。
- 人子要被交給祭司長和文士，他們要定他死罪。
- 正如人子來，不是要受人的服事，乃是要服事人。並且要捨命，作多人的贖價。
- 閃電從東邊發出，直照到西邊，人子降臨也要這樣。
- 那時，人子的兆頭要顯在天上。
- 他們要看見人子，有能力，有大榮耀，駕著天上的雲降臨。
- 你們看見這一切的事，也該知道人子近了，正在門口了。
- 諾亞的日子怎樣，人子降臨也要怎樣。
- 不知不覺，洪水來了，把他們全都沖去。人子降臨，也要這樣。
- 所以你們也要預備，因為你們想不到的時候，人子就來了。
- 當人子在他榮耀裏，同著眾天使降臨的時候，要坐在他榮耀的寶座上。

- 你們知道過兩天是逾越節，人子將要被交給人，釘在十字架上。

- 人子必要去世，正如經上指著他所寫的。但賣人子的有禍了。

- 時候到了，人子被賣在罪人手裏了。

- 然而我告訴你們，後來你們要看見人子，坐在那權能者的右邊，駕著天上的雲降臨。

- 我的上帝，我的上帝，為什麼離棄我？

這些經節給我們什麼教導？求聖靈帶領明白。

第二章　願人都尊你的名為聖

● 「願人都尊你的名為聖」。世上沒有一個人，沒一個屬血氣的人，能、肯、可能尊上帝為聖。只有出於上帝的獨生子才能。要尊上帝為聖，只有在基督裏。

一、「願人都尊你的名為聖」就是「在基督裏」。只有在基督裏，「願人都尊你的名為聖」才能實現

在聖經舊約裏，有那一個人完全尊上帝的名為聖？也許有人說摩西。摩西固然為人極其謙和，勝過世上一切的人。也在上帝全家盡忠。但在民數記中，被上帝說為不尊上帝為聖。

事實上，整本舊約都是以色列民不尊上帝的名為聖的記錄。為此，基督來到世上，就是要作「尊上帝的名為聖」的榜樣，也是此地思考的

只有在基督裏才能實現願人都尊你的名為聖

基督如何尊上帝的名為聖？

這是一個極重要的認識，是所有上帝兒女，所有自稱基督徒的人，都要時時思考、明白的真理。首先要認識的是：

● 什麼是尊上帝的名為聖？

似乎每次用到這句主禱文時，都需要重新思考和解釋。最簡單的解釋是：

- 上帝是最聖潔的
- 上帝是最神聖的
- 上帝是不能侵犯的
- 上帝比所有一切都更崇高
- 上帝擁有一切的國度、權柄、榮耀
- 我們的生命以上帝為最高遵守準則
- 我們生活完全為上帝而活，為上帝而死

總結：

「尊上帝的名為聖」就是除了上帝，我沒有別的神

在筆者的『**如何用主禱文禱告**』書中提到：

● 這句主禱文是整個主禱文最重要的一句

● 作到這句時，整個主禱文都可做到

● 作不到這句時，整個主禱文都作不到

因此，

基督來世上要成就的事

最重要的是使所有上帝拯救的人都尊上帝的名為聖

現在思考基督如何尊上帝的名為聖。這裏是筆者能想到的聖經教導：

● 不以自己與上帝同等為強奪的

● 反倒虛己

● 取了奴僕的形像

● 成為人的樣式

● 既有人的樣子，就自己卑微

● 存心順服

● 以至於死

● 且死在十字架上

這是基督為了遵行上帝拯救的旨意，放下自己，完全、徹底地降卑自己。並且忍受所有天上人間最大的身、心、靈的痛苦，只為了成就上帝旨意。

這是「尊上帝的名為聖」的最極致表現

因此也是「尊上帝為聖」的真理

這和主耶穌說的「我是真理」完全符合

因此，

任何屬血氣的人

要尊上帝為聖，必需在基督裏

二、上帝在基督裏揀選我們，就是在「願人都尊你的名為聖」裏揀選

循上面思考，

上帝對拯救的人的最大心意，就是尊祂的名為聖

這個上帝拯救的人，上帝要帶他成為一個尊上帝的名為聖的人。這是上帝揀選人的目的。因此，

上帝在「基督」裏揀選

也是在「基督的尊上帝為聖」裏揀選

和第一章同樣的原則，這樣對上帝揀選的認識，給我們的提醒和挑戰是：

- **被拯救的人有無在「基督」裏？**
- **被揀選的人有無在「基督的尊上帝為聖」裏？**

這給所有上帝兒女一個極嚴肅的檢驗和反省：

我尊上帝為聖嗎？

- **如果沒有，我就不在基督裏。因為基督絕對尊上帝為聖**
- **如果我不在基督裏，我就不能被上帝揀選**
- **因為上帝在基督裏找不到我！**

這樣講也許會引起質問和困擾：

- 我們不是已經被上帝揀選、而且得救了嗎？為什麼還問這些問題，徒然庸人自擾？

筆者無意在此辯論「一次得救，永遠得救」的問題。只能指出：

- 聖經多處提醒、警告基督徒不要犯罪，特別是故意犯罪的後果。
- 不儆醒，不常常反省，聖經裏的五個愚拙童女、又惡又懶的僕人，可能就是我們了！

- 這樣的反省，至少有一個提醒的效果：
- 如果此刻上帝在「基督的尊上帝為聖」裏找不到我
- 那一刻我已經與上帝隔絕
- 那一刻我已經死了！

對一個死了的人，要怎樣再回到上帝面前，是一個非常嚴肅和可怕的題目。希望所有的基督徒都能常常警惕、儆醒。有沒有可能再也回不到上帝前了，如羅馬書11章所警告的？只有求上帝憐憫。

三、用「在基督裏」認識「願人都尊你的名為聖」

誰能尊上帝為聖？

這是生命的問題，是靈的層面

是靈的尊上帝為聖，不是知識的領域能做到的

再講得詳細一些：

- 上帝是**靈**
- 聖是「**靈的聖**」
- 尊上帝為聖是屬於**靈的層面**
- 是從我們的**靈**、**尊靈的上帝為聖**

這樣完全屬靈的事，不是任何屬血氣、屬肉體的人所能做到、和幫我們做到的。只有上帝自己能做到：

尊上帝為聖，只有基督能

我們要做到，只有靠基督

因此，

所有屬血氣的人

要尊上帝為聖，只有在基督裏才能

再一次，證明

主禱文只有在「基督」裏才能實現

感謝上帝。

四、用「願人都尊你的名為聖」認識「在基督裏的揀選」

上帝的揀選出於上帝主權，出於上帝美意

上帝主權我們完全沒有資格過問

上帝的美意我們也常常不懂，也許永遠不懂

但是

靠著上帝賜的信心

我們相信上帝所作的一切，都是為我們的永生益處

如果上帝許可，求上帝讓我們明白一些祂揀選我們的目的。從這樣的認識，我們對「**上帝對我們的愛**」認識更深。我們的**信心**得以增加，我們**愛上帝的心**也必然增加。這些都是靈命成長所必需的。在此，

尊上帝的名為聖對認識上帝的揀選有特別的幫助

上帝揀選拯救的人，都成為上帝的兒女。上帝兒女對上帝的第一個認識就是

● 上帝是唯一的聖

● 除了上帝，沒有任何神

● 除了上帝，沒有任何事物是聖

也就是說：

尊上帝為聖是所有上帝兒女最該作的事

在這樣的意義上，上帝作揀選真是再美好不過的事！

若要再問和追究這樣作的重要性，如前面所說：

● 整本舊約都是以以色列人為代表的人類的失敗和毀滅記載

● 這**失敗**的唯一原因，就是**不尊上帝為聖**

　　上帝要把罪人從這樣的毀滅中救出，又要避免他們再蹈以色列民的覆轍，用的方法就是

　　　　　使這些被拯救的人能夠尊上帝為聖

　　　　而這一切得以成就，就是藉著在基督裏實現

感謝上帝的精心設計和成就救恩。

感謝主耶穌基督的順從和完成這救恩。

感謝聖靈耐心教導，帶我們想起主的一切話，和明白一切真理。阿們。

五、「願人都尊你的名為聖」就是「在基督裏」主自己的榜樣

　　　　因為基督尊上帝為聖，才有謙卑七步的發生

　　　　因為基督尊上帝為聖，才有約翰福音的榜樣

這榜樣在筆者的『**啟示福音**』書中詳細介紹：

● 馬太福音「登山寶訓」，是基督要門徒走的路。

● 約翰福音「最後晚餐的教導和向天父的禱告」，是基督走給門徒看的榜樣。

● 更奇妙的是：這兩者之間呈現一對一的完美對比。

對此有興趣的讀者，請參考『**啟示福音**』一書。

第三章　願你的國降臨

● 「願你的國降臨」。只有基督在上帝的國裏。除了從天降下、仍舊在天的人子，沒有人升過天。既然沒人，就只有在基督裏才可能。

一、「願你的國降臨」就是「在基督裏」。只有在基督裏，「願你的國降臨」才能實現

上帝的國在天上

地上的國已經和上帝隔絕

因為地上全是犯罪，與上帝隔絕，死在罪中的人

上帝的國從什麼時候又降臨人間？

是從基督生在世上開始

更合適的是：從聖靈感孕馬利亞那一刻

但在上帝的整個拯救計劃裏

則在創世之前，在基督裏已經預定了

上帝國實際降臨人間

也許可以說：從基督虛己的那一刻

因此，

主耶穌要門徒虛心，天國才是他們的

這兩者正好並行，如筆者『**啟示福音**』書中所討論的。總結這些思考，

上帝的國是在基督裏

因為基督降生，上帝的國因而降臨

地上的人要進入上帝的國

一定要藉著基督，一定要在基督裏

二、上帝在基督裏揀選我們，就是在「願你的國降臨」裏揀選

所有上帝拯救的人，都從地上的國被提升到上帝的國中。也許我們不習慣，不知道什麼叫在上帝的國中。有些像保羅說的：

● 或在身內，或在身外，我都不知道，只有上帝知道。

既然上帝揀選的人都要在上帝國中，「上帝在基督裏揀選」就是在「願你的國降臨」中揀選。

同樣的，我們需要時時省察：是否還在上帝的國裏？用這句主禱文禱告時，筆者最常想起的是八福的第一和第八福：

● **虛心**的人有福了，因為天國是他們的。

● **為義受逼迫**的人有福了，因為天國是他們的。

虛心是人和天國得以接觸的第一步。

● 對非基督徒言，那是他與天國接上的第一步。

● 對基督徒而言，虛心是靈命成長的第一步。

這些都在『**如何用主禱文禱告**』書中討論過。因此，如果我們靈命停滯不前：

● 不想看聖經

● 不想禱告

● 不想聚會

● 不想上帝

● 不想天上的事

這些都是靈命有病的癥狀。要小心：

我們可能已經不在天國裏了！

另外，

第八福是「基督徒多像基督」的一個重要診斷

主耶穌一再告訴門徒：

● 學生不能高過先生

● 僕人不能大於主人

- 他們逼迫了我，也要逼迫你們

這「不能高過」和「不能大於」，筆者有兩個領受：
- 受的逼迫，不會大於基督
- 在謙卑上，不可能勝過基督

這樣的領受，給我們一個保證：
- 我們受的逼迫，一定是我們能忍受的

如哥林多前書10章12節所說。因此，如果作了多年基督徒，從來沒有為信仰、為傳福音、受過任何逼迫，不論什麼形式，就需要好好檢討：
- 可能我太不像基督
- 以致對魔鬼沒有任何威脅

如果確實如此，我對周圍也不可能有任何光和鹽的作用。長此以往，遲早要被挪走，因為這盞燈完全不發光，對上帝、對人、都沒有作用。只有像主耶穌說的：
- 鹽若失了味，怎能叫它再鹹呢？以後無用，不過丟在外面，被人踐踏了

多可憐的下場！

三、用「在基督裏」認識「願你的國降臨」

上面說過：

上帝的國降臨是藉著基督

因此是「在基督裏」降臨

反過來看：
- 上帝的國降臨，是為了把得救的人帶到基督裏。
- 因為「基督裏」所擁有的，不止上帝的國而已。
- 所有上帝的豐富和福氣，全在基督裏。

這樣的認識大大地擴展我們的眼界。對主禱文中「願上帝國降臨」，有更廣、更深、更遠的認識。**這認識也形成我們的盼望。**

我們不能盼望一個自己都沒有任何概念的事

既不知盼望什麼，也不知如何努力改進

連方向都一無所悉

一旦聖靈開了我們的竅，成了屬靈的人，就如聖經所說：

● 能看透萬事

這是另一個從「在基督裏」認識主禱文的例子

感謝上帝賜此寶貴福氣。上帝藉著天國降臨，藉著把我們帶進天國、而帶進基督裏。基督裏有什麼是上帝要因此賜下的？請讀者根據對聖經的認識，一一列出。希望藉此對進入上帝的國有更廣的認識和感謝。也因此對「**在基督裏**」有更深的認識和體驗。

四、用「願你的國降臨」認識「在基督裏的揀選」

前面說過：

● 上帝所揀選的人，一定要進入上帝的國

只有在上帝的國裏

這人才能成為聖潔，無有瑕疵

和上面說的省察相似：

● 當我自覺渾身污穢，遠離聖潔時，就是我不在上帝國裏的證明

因此，

上帝在基督裏揀選也是在上帝的國裏揀選

為要這些被揀選的人進入祂的國，活在這國裏

得到這國的一切福氣

為這國而活，也為這國而死

自問：

我是這樣的人嗎？和我被揀選的恩典相稱嗎？

謝謝上帝藉著這樣的思考，一再提醒和警告我：時時注意，處處儆醒。因為

- 要引誘我離開上帝恩典的因素太多了
- 我的信心太小了
- 體貼肉體的心太強了
- 世界的引誘太多、太大了

求上帝憐憫。求聖靈管教。求主耶穌繼續為我代求。阿們。

五、「**願你的國降臨**」就是「**在基督裏**」主自己的榜樣

前面說過：

- 除了從天降下、仍舊在天的人子，沒有人升過天

基督降生在世上，但卻仍然在天上

證明基督始終在上帝的國裏

這就是基督是「上帝國降臨」的榜樣

唯一與上帝國分離的時刻，是在十字架上擔負所有上帝拯救的人的罪，與天父分離時。這是基督從未有過的最大痛苦，以致叫出

我的上帝，我的上帝，為什麼離棄我？

那是我們該受的痛苦，該為自己的罪，在地獄裏、在火湖中喊出的話。卻是基督為我們嘗了這一切苦果。

這就是在基督裏的榜樣

是上帝在基督裏揀選我們的方式和目的

是上帝在主禱文裏揀選的意義

也是主耶穌賜下主禱文，開廣我們認識的另一美意

感謝上帝。感謝主耶穌。感謝聖靈。阿們。

第四章　願你的旨意行在地上，如同行在天上

● 「願你的旨意行在地上，如同行在天上」。只有基督如此遵行上帝旨意。因此，不在基督裏不可能遵行上帝旨意。

一、「願你的旨意行在地上，如同行在天上」就是「在基督裏」。只有在基督裏，「願你的旨意行在地上，如同行在天上」才能實現

「在基督裏」的另一個特徵是：上帝旨意通行無阻

為什麼？因為
● 基督和上帝原為一
● 基督和上帝合而為一
● 聖父在聖子裏
● 聖子在聖父裏
● 人看見聖子，就是看見聖父
● 只有在父懷裏的獨生子將上帝表明出來

這樣「合一」、「原為一」的聖父與聖子，怎麼可能聖父的旨意不通行無阻？因為聖子所想的，就是聖父所想的；聖子所作的，也都是聖父要作的。更何況**聖子對聖父還有完全、絕對的順服**。

主耶穌在聖經教導：
● 因為我從天上降下來，**不是要按自己的意思行，乃是要按那差我來者的意思行**。
● **子憑著自己不能作什麼**，唯有看見父所作的，子才能作。**父所作的事，子也照樣作**。
● 我憑著自己不能作什麼。我怎麼聽見，就怎麼審判。我的審判也是公平的，因為**我不求自己的意思，只求那差我來者的意思**。

這些都是**上帝旨意在基督裏通行無阻**的證明。如前所述，舊約又是以色列民不遵行上帝旨意的最好描述。因此可以作此結論：

上帝的旨意只有在基督裏，才能如同行在天上

因為基督一直在天上！

二、上帝在基督裏揀選我們，就是在「願你的旨意行在地上，如同行在天上」裏揀選

如前所述，被上帝揀選、拯救的人，上帝的心意是：

在這些人身上，上帝的旨意要通行無阻，如同行在天上

這是上帝揀選人的目的。其實我們常有一個錯誤的觀念，以為上帝要我們作的一切事，都是為上帝好。這是大錯特錯。這樣的觀念，使得我們常常不肯遵守上帝命令。以為不遵守，我們也沒有損失。如果有誰損失，大概是上帝。又因為上帝在我們心中地位並不崇高，我們本來就不尊上帝為聖，對在祂的國裏也不熱衷，可有可無。因此，上帝若損失什麼，似乎和我關係也不大。

筆者這樣講，可能有許多人不同意，或反對。但這確實是常常觀察到的現象。在基督徒的言談、甚或教導中，有意無意地流露這樣的心態。筆者的一個結論是：

- 這可能是為什麼許多基督徒對靈命成長那麼不熱衷，不注意，不熱心。因為不是自己的事，只是為了上帝的益處而已。

要舉例子，真是不勝枚舉。包括

- 常常喜樂
- 不住禱告
- 凡事謝恩
- 全心愛上帝
- 愛人如己
- 體貼聖靈
- 不體貼肉體
- 讀經
- 聚會

- 敬拜
- 見證主
- 以好行為榮耀上帝

每一項都有人認為是為了上帝而作。難怪作的那麼辛苦，那麼勉強，那麼不甘心，不情願。最後當然灰心、埋怨，比不作基督徒時更痛苦。一點聖經說的喜樂、盼望都沒有。這是你我的寫照嗎？

蒙上帝憐憫，筆者的粗淺認識是：

- 上面的一切聖經要求和命令，**都是為我們好**。
- 在沒有人之前，在上帝創造萬物之前，上帝的榮耀一點也沒有遜色。
- 造了人，上帝的榮耀卻因人的罪而被虧缺。
- 這虧缺無損上帝榮耀於分毫。**受虧缺的只是人自己**。
- 上帝用「上帝榮耀被虧缺」，讓罪人知道自己在什麼樣的光景。
- 人這種光景的後果只有一個：永遠的死，火湖的死。
- 如果人怕這永遠的死，想找一條出路和救法，那就是上帝給的命令。
- 人若遵守這些命令，照著上帝的心意而活，人就真的活了。
- 最後，是誰得到益處？上帝？還是你、我？
- 從上面的思維，

為了我們的益處

上帝在「願你的旨意行在地上如同行在天上」裏揀選我們

因為那是唯一避免我們永死的方法

要這樣做到，只有在基督裏

因此

上帝在「基督」裏揀選我們

三、用「在基督裏」認識「願你的旨意行在地上，如同行在天上」

當我們用「遵行上帝旨意」作為省察和檢驗我們靈命的狀況，我們同時也在**檢驗自己是否在基督裏**。筆者用這句主禱文禱告時，最常想起的上帝旨意是

- **常常喜樂**
- **不住禱告**
- **凡事謝恩**
- **因為那是上帝在基督耶穌裏向我們所定的旨意**

這裏就是有趣的聯接與比較：

上帝旨意與在基督裏

這是「**在基督裏**」上帝所定的旨意，和本書的思考目的完全符合。只是在本書之前，筆者其它書中沒有特別思考與「**在基督裏**」的關聯。現在從「**在基督裏**」的觀點，思考上面提到的上帝旨意。

（一）常常喜樂

這裏思想一個問題：

- 什麼是基督裏的喜樂？

用幾處聖經經文：

- 基督因那擺在前面的喜樂，就輕看羞辱，忍受了十字架的苦難，便坐在上帝寶座的右邊。
- 你們若愛我，因我到父那裏去，就必喜樂，因為父是比我大的。
- 你們現在也是憂愁，但我要再見你們，你們的心就喜樂了，這喜樂也沒有人能奪去。
- 向來你們沒有奉我的名求什麼。如今你們求，就必得著，叫你們的喜樂可以滿足。

- 這些事我已經對你們說了，是要叫我的喜樂存在你們心裏，並叫你們的喜樂可以滿足。
- 主向天父禱告：「現在我往你那裏去。我還在世上說這話，是叫他們心裏充滿我的喜樂。」

要回答「為什麼上帝要我們常常喜樂」？我們根據什麼、和從那裏得到這喜樂的能力？這就是聖經的教導。這些經文至少教導兩件事：

- **基督自己的喜樂和喜樂之源**
- **門徒為什麼要喜樂**

這些都是

在基督裏的喜樂

不是世上任何人和事物能給人的。現在思考這兩件喜樂：

（1）基督自己的喜樂和喜樂之源

從人的角度，看基督在世上的一生，尤其最後三年多出來傳福音的日子，沒有一天值得喜樂。也因此沒有一天讓人羨慕，讓人想效法。用人的話語，大概只有「倒霉透頂」可以形容。

除了不順利，還有身、心、靈的無比痛苦（在『**如何用主禱文禱告**』書中，詳細思考這些痛苦於萬一或兆一）。

在這樣的情況下，何來喜樂？這就是

在基督裏和不在基督裏的天壤之別之處

基督看的不是讓自己喜樂的事

基督只看上帝是否為基督遭遇的一切喜樂

因為基督遭遇而成就的一切是上帝所喜歡的

是按照上帝旨意而行的，是使上帝拯救計劃實現的

上帝為此滿足

當上帝滿足時，那就是基督的喜樂

這就是基督的喜樂之源：滿足上帝的心

想有這樣的喜樂嗎？只有一個方法：

在基督裏，以基督的心為心

（2）門徒為什麼要喜樂

主耶穌在這些最後晚餐中的教導和禱告，告訴門徒為什麼要喜樂。至少有三個原因：

- 基督把自己的喜樂充滿門徒
- 門徒為看見復活的基督而喜樂
- 門徒為基督到父那裏去而喜樂

（1）基督把自己的喜樂充滿門徒

如果得到上述基督自己的喜樂

我們能不喜樂嗎？能不常常喜樂嗎？

問題是：

我們願意在基督裏嗎？

（2）門徒為看見復活的基督而喜樂

聖經記載：

門徒確定基督復活時，就喜樂了

（約翰福音20：20；路加福音24：41）

基督對這樣的喜樂說成：沒有人能奪去

既然沒有人能奪去，就永遠與門徒同在

門徒就該常常喜樂

你我為基督的復活喜樂嗎？

如果我們常常不喜樂

這可能就是我們信仰出了問題之時

感謝上帝賜此檢驗信心之法。

（3）門徒為基督到父那裏去而喜樂

基督說：

● 因為父是比我大的

有人根據這節聖經，解釋聖子小於聖父。奧古斯丁則解釋為

● 基督在世上時，受時間空間的限制，當然比天父小。

● 一旦基督回到天上，不再受地上的時空限制，就與父同等。

● 這就是為什麼門徒該為基督恢復榮耀而喜樂。

我們想過這些嗎？感謝上帝藉著這些主裏前輩教導我們明白聖經。

想到基督為我們受了多大的苦

想到基督不再受苦，恢復了祂原有的榮耀

我們不該喜樂，而且是常常喜樂嗎？

不是為自己喜樂，是為基督喜樂

基督的喜樂就是我們的喜樂，這就是在基督裏的喜樂

感謝上帝。

（二）不住禱告

● 什麼是在基督裏的禱告？

在基督裏的禱告，至少有幾個特點：

● 從基督的角度禱告

● 從聖子向聖父禱告

（1）從基督的角度禱告

基督是成為人的上帝

有上帝的身份，又有基督的職分

從基督的角度，那些事情需要禱告？至少從基督的三方面身份禱告：

（a）君王的身份

基督是君王

要把上帝拯救的人從罪裏、從魔鬼權勢下救出來

這就是君王要禱告的事

基督徒也是世上的王

要記住這個身份，不要淪為世界的奴隸

讓自己有正確的身份和正確的禱告

（b）祭司的身份

祭司是代表人向上帝獻禮物和祭物

基督獻上自己作禮物，又獻上自己的生命作贖罪的祭物

因此，

我們這些在基督裏的祭司

該獻的禮物是工作的果子，該獻的祭物是活祭

這是祭司該禱告的事

我們多常為這樣的禮物和祭物禱告？

基督站在祭司的身份上，最為基督徒熟知的禱告，是在客西馬尼園的禱告。在筆者『**如何用主禱文禱告**』書中，詳細思考基督的這一段可能常被誤解的祈求。那不但不是基督怕死的祈求，反而是基督無比愛上帝、不願與上帝分開的禱告。但至終仍以上帝的旨意為祈求的目標。這才是我們最該學習的禱告和祈求。

（c）先知的身份

基督是先知，預言自己的復活和再來

我們也是先知，傳揚基督福音和基督的審判

我們為此盡力，也為此禱告嗎？

（2）從聖子向聖父禱告

聖子向聖父禱告什麼？

最好的聖經記載，在約翰福音十七章全章。求聖靈帶領我們：
- 多讀這章
- 多想這章
- 多學聖子向聖父的禱告
- 因為那也是所有上帝兒女該向上帝作的禱告

（三）凡事謝恩

- **什麼是在基督裏的謝恩**

事情順利時，不論是地上的事，天上的事，我們都會感謝上帝。問題是：
- 一切都不如意、不順利時，「凡事謝恩」就成了最大的難題
- 環境不利，事情不順，坎坷倒霉，為何謝恩？

偏偏上帝就給我們這樣的旨意：**凡事謝恩**。我們只有**靠信心**，相信一件事：

既是上帝旨意，上帝必然會幫我們做到

我們作不到，也不想作，都因為只從今生看一切發生的事。這是體貼肉體，不體貼聖靈。要脫離這樣的思維，只有**在基督裏**。
- **在基督裏時，必然凡事謝恩。因為這是最屬靈的時候**，看透萬事，知道一切上帝美意，都是為我們靈命益處。

感謝上帝，用這樣的思考角度，帶我們又進一步認識這寶貴的上帝旨意：如何能行在我們身上，如同行在天上。

如上所述，同樣思考在基督裏的謝恩：

（a）基督謝謝上帝什麼

- 耶穌舉目望天說：父阿，我感謝你，因為你已經聽我。我也知道你常聽我。但我說這話，是為周圍站著的眾人，叫他們信是你差了我來。

這是基督要使拉撒路從死裏復活前，向天父的禱告。是為周圍的人禱告，不是為基督自己。另外，基督在設立聖餐，和為門徒擘餅杯時，向天父祝謝。這是為門徒能紀念主禱告。是為門徒的靈命，不是為主自己。

這是我們該思想、學習的榜樣。

（b）聖子謝謝聖父什麼

主耶穌在傳福音、被許多人拒絕後，這樣禱告和謝謝天父：

- 正當那時，耶穌被聖靈感動，就歡樂說：父阿，天地的主，我感謝你。因為你將這些事，向聰明通達人就藏起來，向嬰孩就顯出來。父阿，是的，因為**你的美意本是如此**。
- 一切所有的，都是我父交付我的。除了父，沒有人知道子是誰。除了子和子所願意指示的，沒有人知道父是誰。（路加福音 10：21、22）

這是在眾人都棄絕基督所傳的福音時，作的感謝。在人看來，是失敗的工作。基督卻為此感謝上帝。因為那是**上帝的旨意：揀選**和**預定**。

給我們在喜樂和凡事謝恩上有什麼教訓？

四、用「願你的旨意行在地上，如同行在天上」認識「在基督裏的揀選」

上帝為什麼在「基督裏」揀選？在這一章的思考上，至少有兩個理由

- 在這些人身上，上帝的旨意要通行無阻
- 要能這樣通行無阻，只有在基督裏才可能

如果上帝揀選了一個人，又拯救了這人。但這人卻一直阻止上帝旨意行在他身上。不禁要問：上帝揀選和救這人，有何意義？

上帝既然救了人，就一定要把這人照上帝旨意、帶他成長，有基督的樣式。若是上帝旨意行不通，因為這人攔阻，上帝揀選和拯救這人就失去意義。這是

從主禱文認識上帝在基督裏的揀選

的另一例子。

要避免這樣的攔阻，這人一定要在基督裏才有可能
為此，

這揀選一定要在「基督裏」

五、「願你的旨意行在地上，如同行在天上」就是「在基督裏」主自己的榜樣

基督從天降下，以及在地上的一生，全是

● 願你的旨意行在地上，如同行在天上

的最佳榜樣。這點無需多作解釋。最近開始想：如果上帝的旨意是：**要我走基督在世走的路**。我的反應如何？

● 拒絕
● 猶豫
● 勉強
● 情願
● 甘心
● 喜樂
● 感恩

猜想我首先要把這一章好好看幾遍。好好思想，好好禱告，尤其是用主禱文迫切禱告。重新思想什麼是在基督裏。那時，我可能才**從風聞進入眼見**。跨出第一步時，才能真正開始明白什麼是

在基督裏

求上帝憐憫。阿們。

第五章　我們日用的飲食，今日賜給我們

● 「得日用飲食：聖靈」。更非在基督裏不可。

一、「得日用飲食：聖靈」就是「在基督裏」。只有在基督裏，「得日用飲食：聖靈」才能實現

前面說過，在『**如何用主禱文禱告**』書中也詳細討論過：

● 「我們日用的飲食，今日賜給我們」是指屬靈的需要，不要限制在身體的飲食上

固然身體需要是重要的，是活在世上需要的。但這些需要都是短暫、而非永恆。主耶穌明說：

● 「要我們先求上帝的國和義。那些吃什麼、喝什麼、穿什麼，上帝自然會供應。」

求上帝的國和義是屬靈的層次，是永恆的

在永恆的需要上，我們最需要的是上帝自己：聖靈

因此，本章完全思考

得到聖靈與在基督裏的關聯

聖經清楚教導：主耶穌升天後，要求天父，差遣聖靈到世上，作門徒的保惠師。並且清楚地教導聖靈要作的工作。包括：

● 使門徒想起主說的一切話。

● 引導門徒明白一切真理。

● 榮耀主耶穌。

● 把將來的事告訴門徒。

● 將一切的事指教門徒。

● 為基督作見證。

● 將受於基督的告訴門徒。

● 叫世人為罪、為義、為審判，自己責備自己。

這幾項**聖靈**的工作，全是**以基督為中心**。尤其是：

- 榮耀基督
- 為基督作見證
- 帶人想起基督的一切話
- 引導明白一切真理：基督自己

因此，

聖靈來完全和基督有關

人若要得到聖靈，一定要在基督裏

二、上帝在基督裏揀選我們，就是在「得日用飲食：聖靈」裏揀選

聖經教導：

- 人有上帝的靈，就有永生。
- 沒有上帝的靈，就沒有永生。
- 我們所以知道自己有永生，是因住在我們裏面的聖靈。
- 被上帝的靈感動的，沒有說耶穌是可咒詛的。
- 若不是被聖靈感動的，也沒有能說耶穌是主的。

所有上帝揀選、拯救的人

都要藉著聖靈內住而有永生

這是上帝揀選、拯救的目的

為此，

上帝在基督裏的揀選也是在「得到聖靈」裏的揀選

從「得到聖靈」的角度思考。

- 上帝揀選的人，都是將來要得到聖靈的人。
- 因此，上帝揀選了人，使他們得到聖靈。
- 這些人和其它沒被揀選、沒有聖靈的人，有一個極大的差別：有聖靈和沒有聖靈。
- 有聖靈就有永生。沒有聖靈就沒有永生。
- **有聖靈就有基督。沒有聖靈就沒有基督。**

- **有聖靈就是上帝的兒子。沒有聖靈就不是上帝的兒子**
- 在上帝「在主禱文的九句禱文的揀選」中，這一句：在「得著聖靈裏」的揀選是最重要，決定在其它八句中揀選的基礎。

從這些角度，更能認識上帝的揀選。而這樣

在「得到聖靈裏」的揀選，又一定要在基督裏才能實現

實在太美了。感謝上帝。

三、用「在基督裏」認識「得日用飲食：聖靈」

我們都希望得到聖靈的能力，也希望得到聖靈的恩賜。但是有幾個問題需要考慮：

- 動機為何？
- 如何分辨能力是否來自聖靈？

問這些問題，是因為對聖靈的追求，特別是聖靈能力和恩賜，在中外教會中已經造成許多困擾。有聖經教導可以幫助分辨嗎？有。上面說的主耶穌自己對聖靈的工作的教導，就是最好的標準，也是「**聖靈工作**」的真理。如上所述，**一切都是為基督**，特別是

要榮耀基督，不是榮耀任何人

這是容易被忽略的事。這樣的思考，和這一節的主題正好符合：

- 從「在基督裏」認識「得到聖靈」

也就是說：

從「在基督裏」的角度看得到聖靈

得到聖靈能力，得到聖靈恩賜

以及分辨是否聖靈的工作和能力

在筆者『**如何用主禱文禱告**』書中，記載許多**在聖靈裏禱告**的經歷。每次用主禱文禱告時，**聖靈總是帶領筆者想起主耶穌的話**。這些話又總是筆者以前沒有把它和那句主禱文連起來過。或

者另外兩段經文之間，在禱告中得以聯接，從彼此的角度，認識另一段經文。

這些經歷

● 一再證明主耶穌教導的聖靈工作

● 這些工作也是聖靈在基督裏所作的工

在這些經歷中，筆者一再謝謝上帝，謝謝主耶穌，謝謝聖靈：這樣賜下

眼睛未曾看見，耳朵未曾聽見，人心也未曾想到的福氣

既珍貴，又證明主耶穌講的話：

不但想起主的話，還因此明白真理

還有什麼比這些給人更大的喜樂？又因此經歷主耶穌保證的福氣：

● 饑渴慕義的人有福了，因為他們必得飽足

四、用「得日用飲食：聖靈」認識「在基督裏的揀選」

想像上帝揀選一個人，卻不給他聖靈。這個人是什麼樣子的光景？上帝既然揀選、拯救，必然要這個人得到所有上帝要給的福氣。這些福氣至少包括：

● 認罪悔改：**聖靈**感動

● 一切罪得赦免：靠**基督**的死

● 成為上帝兒子：**基督**門徒

● 得到永遠生命：靠**基督**復活。靠**聖靈**重生

● 得到永生記號：**聖靈**

● 新生命日日成長：得到生命的糧：**基督**

● 時時禱告，與上帝溝通：在**聖靈**裏禱告

● 成為聖潔，無有瑕疵：在**基督**裏

● 傳揚福音，與人同得福音好處：得著**聖靈**能力

● 主禱文的福氣完全成就：在**基督**裏

若無聖靈，這一切都不會發生

若沒有基督，這一切也不會成就

因此，

上帝在基督裏揀選為要使人得到聖靈

感謝上帝賜此認識。

五、「得日用飲食：聖靈」就是「在基督裏」主自己的榜樣

● **聖靈在基督身上沒有限量**

基督和聖靈的關係：

除了同為三一上帝，那是不可分，與父同尊同榮

基督還是聖靈感孕馬利亞所生，名耶穌

天使告訴馬利亞：

● 聖靈要臨到你身上，至高者的能力要蔭庇你。因此所要生的聖者，必稱為上帝的兒子。

在最後晚餐中，主耶穌告訴門徒：

● 聖靈來了，就要叫人為罪、為義、為審判，自己責備自己。
● 為罪，是因他們不信我。
● **為義，是因我往父那裏去，你們就不再見我。**
● 為審判，是因這世界的王受了審判。

這三樣，最不易明白的是：

● 為義，自己責備自己

在『**如何用主禱文禱告**』書中，曾思考這句子的意思：這是對門徒講的話：

● **你們**就不再見我

基督回到天上後，門徒當然不再看見祂。為什麼會為此自己責備自己，而且是聖靈使人自責？這是肉身眼睛看不見。主耶穌應該不是指此。這一句要從屬靈的層面認識。

● 基督雖然肉身離開了門徒，肉身的眼睛看不見基督。但是

基督仍然藉著聖靈住在我們心裏

因此，

在聖靈裏我們應該日日、時時看見基督

如果看不見，當然聖靈要責備

● 而責備的方式是使我們**自己責備自己**。那是極有效的責備，是自知己錯的責備

主耶穌的這段教導實在寶貴。讓一句本來最不易懂的真理，在聖靈的引導下，才認識是與基督徒最切身的教導。這教導告訴我們：

基督與聖靈不能分離

我們若在聖靈裏，就在基督裏

就應日日、時時看見基督，就應晝夜思想基督的話

就應時時想起主的話，就應常常明白真理

當這些都消失時

就是我們不在基督裏，不在聖靈裏的記號

除了走向滅亡，還不感謝聖靈責備我們嗎？

結語

基督是「與聖靈同在」的最佳榜樣

得著聖靈就得著基督

在基督裏就在聖靈裏

感謝上帝，賜給祂的兒女這樣雙倍的福氣，永遠與我們同在。阿們。

第六章　免我們的債，如同我們免了人的債

- 「免我們的債，如同我們免了人的債」。上帝免我們的債，是因為基督受死。我們一定要聯於基督的死，才被免債。一旦在基督裏，基督的愛自會帶我們免人的債，就像枝子在葡萄樹上，才能結果子：饒恕一樣。

一、「免我們的債，如同我們免了人的債」就是「在基督裏」。
只有在基督裏，「免我們的債，如同我們免了人的債」才能實現

從禱告的心得，思考這句禱文如何在基督裏實現。

（一）上帝免我們的債，是因為基督受死

- 這是所有基督徒都知道的事

既然都知道，還討論什麼呢？要討論，因為這句禱告文有兩部分：

- 上帝免我的債

- 我免別人的債

- 第一樣我已經得到了。但第二樣卻少的可憐

- 得到的，沒有可討論的，因為是上帝在做工。第二樣一定要思考，因為我作不到

- 在思考為什麼我作不到時，就要思考：為什麼上帝能做到祂要作的事？因為「上帝免我的債」和「我免別人的債」，這兩者間的共同點是「我」。為什麼第一個「我」沒問題，第二個「我」有問題？

關鍵在那裏？

- 為此，我需要思考「上帝免我的債」究竟是怎麼回事？

（1）上帝怎麼免我的債？

上帝怎麼免我的債？也許再退一步，從上帝免了我多少債想起。

這裏用保羅的一段教導：

- 祂曾救我們脫離那極大的死亡。

- 現在仍要救我們。
- 並且我們指望祂將來還要救我們。

在筆者其它書中，把這三個階段分為靈、魂、體：

- 上帝已經救我們的靈出永死、進永生。
- 在今世餘下時間，祂要改變我們的心思意念。
- 將來復活時，祂要給我們榮耀的身體。
- 將來的事，現在無法知曉，也無能控制。
- 現在的事，只有儆醒，時時依靠聖靈而活。把犯罪可能及頻率，盡可能減至最低。
- 現在要思想的是：上帝曾經免過我們多少債？

這裏再以保羅對自己的認識作例子，思考上面第三個問題。保羅對自己有過三個不同評語。按照年代先後：

（1）我沒有一件事在那最大的使徒以下。

（2）我比眾聖徒中最小的還小。

（3）在罪人中，我是個罪魁。

- 在第一個階段，如果世上只有一個人配進天國，非保羅莫屬。
- 在第三個階段，如果世上只有一個人該進地獄，又是非保羅莫屬。

不禁要問：為什麼？

- 難道在這段時間，保羅犯了滔天大罪？似乎很不可能。

為什麼？筆者認為最可能的是：

- 保羅越來越認識自己是一個多麼罪大惡極的人

聖經對這方面的教導有：

- 上帝說：在親近我的人中，我要顯為聖

為此，亞論的兩個兒子擅自獻上凡火，就被燒死。筆者對此有個比喻

- 在一個漆黑的極大房間裏，伸手不見五指，我什麼也看不見自己

- 在這屋子的最遠處，有一盞強光的燈。當我慢慢走向那燈時，開始逐漸看到自己身上的不乾淨。越近那燈，越看出自己有多污穢。以致不敢再靠近，因為受不了知道自己多麼不乾淨。

在親近上帝的人中，有同樣的感受。越近上帝，越認識上帝的聖潔。在這聖潔面前，越看出自己有多少罪污。問題是：這些罪污什麼時候存在的？答案是：早就存在，只是我不知道而已。越讀聖經，越被上帝的話在聖靈的引導下、照亮我心中和心底的隱情，才一一認出自己是個何等不堪的人。

這樣思考的目的是：
- 基督徒應該越來越認識自己是個多大的罪人。
- 越來越知道上帝原諒了他多少罪，免了他多少債。
- 越來越知道上帝多愛他。
- 越來越感謝上帝的救恩。
- 越來越生出愛上帝的心。
- 越來越有報答上帝的心。
- 越來越喜歡看聖經。
- 越來越喜歡禱告。
- 越來越喜歡聚會。
- 越來越想照上帝的話而行。
- 越來越可能愛其他的人。
- 越來越可能願意免人的債。

筆者相信這是保羅的靈命歷程：
- 越認識基督，越看到自己污穢。
- 越事奉基督，越看到自己不配。
- 越認識自己，越感謝上帝救恩。
- 越認識自己，越願為基督捨命。

知道上帝免了我多少債，我才能思想怎麼免別人的債

（2）和基督有什麼關係？

上面說的，完全和基督有關。

- 若非基督，沒有救恩
- 若非基督，沒有救法
- 若非基督，沒有免債
- 若非基督，沒有復活
- 若非基督，沒有永生
- 若非基督，沒有盼望
- 若非基督，沒有愛心
- 若非基督，難免人債

再寫下去，只有改教時期的口號：**唯獨基督**。阿們。

（3）我該作什麼？

我該作什麼？實在太清楚了：

- **該感謝上帝**
- **該感謝基督**
- **該感謝聖靈**
- **該學習愛人**
- **該學習免債**

（二）我們一定要聯於基督的死，才被免債

- 這是基督徒不一定知道的事

聯於基督的死，至少有兩層意義：

- **基督為我死**
- **我為基督死**

（1）基督為我死

「基督為我死」是一件已經發生和成就的事。我該作的是：

- 相信並接受這個救恩和救法

- 接受基督為我救主
- 把我過去一切的罪，都歸到釘十字架的基督身上。讓這些罪都在十字架上被釘死
- 這是上帝讓基督釘十字架、使我得救的方法

（2）**我為基督死**

- 我得救後，要把繼續犯的罪歸給基督的死
- 也該把一切屬於世界、屬於肉體的邪情私慾、都釘在十字架
- 學習捨己
- 學習為基督，背自己的十字架
- 這是為基督死

先學習為基督死，才能學習為基督活

（三）一旦在基督裏，基督的愛自會帶我們免人的債，就像枝子在葡萄樹上，才能結果子：饒恕一樣。

- 這可能是更不容易知道的事

從上面的思考，

上帝免我們的債都是在基督裏成就

下一步是：

我們免別人的債

要免人的債，需要愛心

需要從上帝來的愛，像上帝愛我，免我的債一樣

上帝的愛都在基督裏藏著，等著我們領取

就像主耶穌教導的葡萄樹和枝子的關係一樣：

枝子要聯於葡萄樹才能結果子

離了樹枝子什麼都不能作

枝子聯於葡萄樹，就能得樹的一切養分

我們聯於基督也能得基督的一切豐富

其中最大的是：基督的愛

有了基督的愛

我們就能、也才能愛人，像基督愛我們一樣

我們也才能免人的債，像上帝免我們的債一樣

二、上帝在基督裏揀選我們，就是在「免我們的債，如同我們免了人的債」裏揀選

- 上帝免我們的債，是因為基督受死。
- 我們一定要聯於基督的死，才被免債。
- 一旦在基督裏，基督的愛自會帶我們免人的債，就像枝子在葡萄樹上，才能結果子：饒恕一樣。

如果說：上帝揀選，就是為了要免這些被揀選的人的債。這債當然是指罪。很自然會問一個問題：

- 上帝早就知道這些人會犯罪，所以揀選他們，為要赦免他們的罪
- 那麼其他的人呢？他們沒有罪？還是也一樣有罪，但是沒被上帝揀選？

這樣問，不是沒事找事，也不僅是出於好奇。因為答案可能關係一個極重要的真理：

為什麼人會犯罪？

- 上帝既然早就知道
- 也為人預備了救恩
- 就是聖經說的揀選和預定
- 為什麼上帝不阻止人犯罪
- 不是更簡單嗎
- 不需上帝大費周張。不需聖子成為人，受盡身、心、靈的最大痛苦，來施行拯救

這是無數的人，基督徒和非基督徒，兩千年來一直問的問題。這是神學裏的一個大題目。到目前為止，似乎還沒有大家共同同意的解釋。應該是上帝的奧秘之一。

　　上帝願意把這奧秘啟示給人嗎？啟示了以後，神學家會一致接受，還是引發更大的爭論？上帝要啟示給誰呢？到時又會在基督教裏，引起什麼爭端？像猶太人，特別是領袖們，同心迫害主耶穌一樣嗎？

　　上帝問：

● 我可以差遣誰呢？

● 誰肯為我們去呢？

　　誰敢回答：

● 我在這裏，請差遣我？

　　回到這一節的思考。

上帝揀選

就是為了拯救，為了免這人的債

　　因此

上帝的揀選也是在「免債」裏揀選

　　同時，上帝揀選人還有一個目的：

要這人像上帝的獨生子基督一樣：免別人的債

　　因此，

上帝的揀選也是在「免別人債」裏揀選

　　從此，

我們不要再沾沾自喜地自誇被上帝揀選

卻要如履薄冰地時時提醒自己：

是在「免別人債」裏被揀選

　　可怕嗎？不但不可怕，反而要

感謝上帝這樣教導和提醒

三、用「在基督裏」認識「免我們的債，如同我們免了人的債」

● 上帝免我們的債，是因為基督受死。

- 我們一定要聯於基督的死，才被免債。
- 一旦在基督裏，基督的愛自會帶我們免人的債，就像枝子在葡萄樹上，才能結果子：饒恕一樣。

思想兩個問題：

- **在基督裏：免我們的債**
- **在基督裏：我們免人的債**

（一）在基督裏：免我們的債

上帝怎麼免我們的債？

靠基督的代死和贖罪祭

- 豈不知我們這受洗歸入基督耶穌的人，是受洗歸入祂的死麼？
- 所以我們藉著洗禮，歸入祂的死，原是叫我們一舉一動有新生的樣式，像基督藉著父的榮耀，從死裏復活一樣。
- 我們若在祂死的形狀上與祂聯合，也要在祂復活的形狀上與祂聯合。
- 因為知道我們的舊人和祂同釘十字架，使罪身滅絕，叫我們不再作罪的奴僕。
- 因為已死的人，是脫離了罪。
- 我們若是與基督同死，就信必與祂同活。
- 因為知道基督既從死裏復活，就不再死，死也不再作祂的主了。
- 祂死是向罪死了，只有一次。
- 祂活是向上帝活著。
- 這樣，你們向罪也當看自己是死的。
- 向上帝，在基督耶穌裏，卻當看自己是活的。

保羅這一段教導真是寶貴（羅馬書6：3-11）。

- 我們怎麼知道自己已經歸入基督的死，已經與基督的死聯合？
- 就要從我們有否與基督的復活聯合看。

● 只有已與基督同死、聯於基督的死的人，才能與基督的復
　活聯合。

這

　　　　　歸入基督就是進入基督，就是在基督裏

（二）在基督裏：我們免人的債

　　　　上帝免我們的債，出於上帝無限的愛

　　　　我們要免別人的債也需要愛心

但這愛心何來？

　　　　　只有上帝的愛能幫我們免人的債

　　　　　如同上帝免我們的債一樣

因此，

　　　　　必需從上帝得到這個愛

上帝用什麼方法給我們這個愛？

　　　　　　在基督裏

因為上帝已經教導我們：

　　　　祂的一切豐盛都有形有體地存在基督裏

在基督裏，我們最大的領受是

　　　　　　基督的愛

在這愛裏，至少有幾個效應：
● 感受這個愛
● 被這愛改變
● 對人的怨恨減少
● 對人的憐憫增加
● 開始願意原諒人

一旦有了願意的心，若能繼續留在基督裏，遲早能付諸行動：
免人的債。這一切都只有在基督裏才有可能。

四、用「免我們的債，如同我們免了人的債」認識「在基督裏的揀選」

- 上帝免我們的債，是因為基督受死。
- 我們一定要聯於基督的死，才被免債。
- 一旦在基督裏，基督的愛自會帶我們免人的債，就像枝子在葡萄樹上，才能結果子：饒恕一樣。

這是另一個上帝揀選我們的目的：

讓所有祂揀選的人彼此免債，進而彼此相愛

這不是普通的相愛，不是世間可能有的愛，

是像上帝愛基督一樣的愛

這是上帝在祂兒女身上最大的心願之一。這樣的認識，立即帶來一個極正面和挑戰的提醒：

被上帝揀選的人不是只有權利的享受

更有該盡的義務：愛人如己，進而全力愛上帝

這樣對「被揀選」的認識，是一個有效檢驗，看我們是否仍在上帝的揀選中：

- 有沒愛人？
- 有沒愛上帝？
- 如果沒有，可能已經從揀選中墜落了！

謝謝上帝這樣教導。讓我們

- **不輕忽得到的救恩**
- **認識上帝對我們的心意**
- **為我們的責任向上帝交帳**

五、「免我們的債，如同我們免了人的債」就是「在基督裏」主自己的榜樣

- 上帝免我們的債，是因為基督受死。
- 我們一定要聯於基督的死，才被免債。

● 一旦在基督裏，基督的愛自會帶我們免人的債，就像枝子在葡萄樹上，才能結果子：饒恕一樣。

如前所述，

上帝免我們的債是在基督裏免的

我們若能免人的債，也是在基督裏免的

這一切都因

基督已經在十字架上免了我們所有的債

因為基督的榜樣，這一切才能發生

另外，注意一點：

上帝免我的債，如同我免別人的債

我免人的債越多，上帝免我的債也越多

我免別人的債越少，上帝免我的債也越少

為了我自己，為了自私？

我也非努力學習免別人的債不可

感謝上帝這樣的要求，逼我學習太多的功課：

愛人如己和在基督裏

基督最大的赦免，是在十字架上向天父的祈求：

父阿，赦免他們。因為他們所作的，他們不曉得

今天，基督在天上，也一直為地上的基督徒祈求。

這個「他們」裏面有我嗎？

我故意犯罪嗎？我不肯免人的債嗎？

求上帝憐憫。

第七章　不叫我們遇見試探

● 「不叫我們遇見試探」。私慾牽引、誘惑我們。這一切都是體貼肉體。而體貼肉體就是死。一旦愛世界，愛父的心就不在我裏面。原來我盡力愛上帝，只是為了得到我私慾想得的！太危險了！太可怕了！感謝上帝，再一次救我。不然，那哀哭切齒的人非我莫屬了。謝謝天父。只有在基督裏，才沒有私慾，才不被誘惑牽引。更證明基督是甘願為我們受試探。

一、「不叫我們遇見試探」就是「在基督裏」。只有在基督裏，「不叫我們遇見試探」才能實現

我們已經多次思考試探和各種有關因素。最重要的因素是人的私慾。有了私慾，受到試探只是時間早晚的問題。就像

● 一個想貪污的人，隨時隨地都在找機會貪污
● 一個想偷公家或私人東西的人，時時等機會
● 一個想成名的人，念茲在茲的只有如何成名
● 一個想掌權的人，處處注意誰能幫他得到權

例子太多了。每個人依照自己所想得到的，列一個單子。只要對自己誠實，是一個幫忙認識自己很有用的方法。也是在不遇見試探的路上重要的一步。

在『如何用主禱文禱告』書中，思考怎樣才能不遇見試探。筆者有兩個建議：

● 沒有私慾
● 不遇見機會

沒有私慾當然是最根本的方法。但是生在世上，舊生命始終與我們同在。這舊生命中充滿各種慾念，都是我們想得到的事。要完全沒有私慾，實在不容易。

　　既然不容易沒有私慾，剩下的就只有不遇見機會：讓我們的私慾永遠沒有實現的機會，沒有試探的機會，也就沒有因此犯罪的可能。

　　這是筆者長時間對「不叫我們遇見試探」的認識：

求上帝不讓我們遇見機會

　　但在本書的思考中，**從最根本之處對付試探：沒有私慾**。若沒私慾，就算到處機會，也沒有作用。在『**如何用主禱文禱告**』書中，也曾舉例說明。現在思想：

- **怎麼可能沒有私慾？**
- **誰沒有私慾？**
- **我們能同樣沒有私慾嗎？**

（一）怎麼可能沒有私慾？

要沒有私慾，也許只有一個方法：死。

- 死了的人，就脫離罪的律
- 死了的人，再沒有想得到世界的念頭
- 死了的人，世界對他再無吸引之力

這些都是簡單易懂的事。問題是：

- **我們可能在活著時沒有私慾嗎？**

（二）誰沒有私慾？

這世上只有一個人，既活著，又沒有私慾：**耶穌基督**。

- 主耶穌有完全的人性
- 但是主耶穌也有完全的神性
- 這完全的神性使主耶穌沒有罪
- 沒有任何可被世界利用之處
- 沒有任何喜愛世界、追求世界、和嚮往世界之處

這就是**在基督裏**的一個特性。這也是

唯一活在世上

卻完全不受世界影響，不受世界控制的人

這就因此回答了下一節要思考的問題。

（三）我們能同樣沒有私慾嗎？

能！如果在基督裏

這句主禱文實在寶貴，是一個極佳的例子，把主禱文和「在基督裏」相連。尤其可貴的是：

它是我們時時面對的一個難題：

試探的唯一答案和出路

這就是主題說的：

只有「在基督裏」才可能不遇見試探

感謝上帝賜此思想的機會和教導。

二、上帝在基督裏揀選我們，就是在「不叫我們遇見試探」裏揀選

承上所述，

- 只有在基督裏，才能不遇見試探。
- 因此，上帝在基督裏揀選，就要被揀選的人不遇見試探。
- 這揀選也因此是在「不叫我們遇見試探」裏的揀選。

我們可曾想到這樣的福氣？

- 在創世之前，上帝已經在基督耶穌裏揀選。
- 不但使我們成為聖潔，無有瑕疵。
- 還在日常生活上，幫我們一個極大的忙：不遇見試探。

在此之前，當我們為「不遇見試探」以及「要勝過試探」而努力和爭戰時，從未想到和敢期望：

原來上帝在最初揀選我們時

已經給了我們不遇見試探以及勝過試探的恩典

這一切恩典都是「在基督裏」所成就的

有了這樣的認識，

> 在對付試探以及對付自己的私慾時
>
> 我們有比以前更大對上帝的信心

這時，

> 耶和華是我的牧者，我必不至缺乏

有了更深的意義。感謝上帝的無盡恩典，都是白白賜下的恩典。

三、用「在基督裏」認識「不叫我們遇見試探」

上面的思考，教導一個寶貴的真理：

> 只有在基督裏才能不遇見試探

這又是一個對認識「在基督裏」的寶貴真理。這真理又和我們的日常生活有密切的關聯，可以常常體驗，真是我們的福氣。

再一次，思考

● **為什麼在基督裏可以不遇見試探？**

從幾方面思考：

● **為什麼我們的私慾在基督裏消失？**

● **基督裏有什麼豐富？**

（一）為什麼我們的私慾在基督裏消失？

從筆者的淺薄認識，要我的私慾消失，可能有幾種狀況：

（1）原有私慾完全滿足。

（2）為了追求原來的私慾，身敗名裂，悔之莫及。從此不敢再生任何貪婪之心。

（3）和其它事物相比，從這私慾所能得到的顯為一文不值。從此追求更好事物。這更好事物若仍是世上的事，私慾並未消失，只是新的私慾取代舊的而已。

（4）被上帝對付而消失：上帝懲罰。

（5）被上帝對付而消失：上帝任憑、而自食其果。

（6）被上帝對付而消失：認識天上更寶貴的福氣，而願放下對地上一切事物的追求。

頭五項都是顯而易見、無需解釋。第六項是真正根治私慾的方法：因為看到真正永恆、寶貴的福氣。那就是保羅說的：

以認識基督耶穌為至寶，視萬事如糞土

底下思考在基督裏的豐富。

（二）基督裏有什麼豐富？

聖經教導：

上帝的奧秘就是基督

所積蓄的一切智慧知識，都在祂裏面藏著

上帝本性一切的豐盛都有形有體的居住在基督裏面

得著基督就是得著上帝

不知道誰能說盡上帝的豐富？這裏是一段保羅的話：

- 弟兄們，你們要靠主喜樂。
- 真受割禮的，乃是我們這以上帝的靈敬拜，在基督耶穌裏誇口，不靠著肉體的。
- 其實我也可以靠著肉體。
- 我第八天受割禮。我是以色列族、便雅憫支派的人，是希伯來人所生的希伯來人。
- 就律法說，我是法利賽人。
- 就熱心說，我是逼迫教會的。
- 就律法的義說，我是無可指摘的。
- 只是我先前以為與我有益的，我現在因基督都當作有損的。

- 不但如此，我也將萬事當作有損的，因我以認識我主基督耶穌為至寶。
- 我為祂已經丟棄萬事，看作糞土，為要得著基督。
- 並且得以在祂裏面，不是有自己因律法而得的義，乃是有信基督的義，就是因信上帝而來的義。
- 使我認識基督，曉得祂復活的大能。並且曉得和祂一同受苦，效法祂的死。或者我也得以從死裏復活。
- 這不是說我已經得著了，已經完全了。我乃是竭力追求，或者可以得著基督耶穌所以得著我的。
- 弟兄們，我不是以為自己已經得著了。我只有一件事，就是忘記背後，努力面前的，向著標竿直跑，要得上帝在基督耶穌裏從上面召我來得的獎賞。（腓立比書 3：1~14）

整本新約聖經都在介紹基督耶穌的榮美。這榮美至少包括：
- 聖潔，生命，復活，真理，道路，光
- 愛上帝，愛人，憐憫，饒恕，智慧，知識
- 喜樂，平安，創造，權柄，榮耀，忍耐，溫柔，謙卑

這一切都是永恆的榮美。沒有一樣世上的事物，人間的榮耀，能比擬其中任何一項於兆一的。

我們這些可憐的人，尤其是筆者，如本書開始所記的禱告：
- 日思夜想，念念不忘的是世上的榮耀。
- 已經退休、離開世上繁華，再也沒有機會在其中奮鬥、賣命。卻仍然夢想有一天再得到其中的一點點榮耀！

每次讀到浪子回頭的故事，就想到其中一段；改了字後，正是我的寫照：
- **我父家裏榮耀有餘，我倒在此羞死嗎？**
- 有這麼強烈的私慾，有那麼大的賣命決心。

- 掌控全世界和其中榮華富貴的魔鬼，只要略施小惠，我就甘心拜它，為要得著我想得著的。
- 至今還得不到，因為

若不是上帝憐憫，我早已像所多瑪、俄摩拉的樣子了

這就是保羅說的：

要得著基督耶穌所以得著他的

四、用「不叫我們遇見試探」認識「在基督裏的揀選」

- 也許我最大的弱點就是上面說的私慾：得到世上榮耀的慾望。

因此，

上帝在基督裏揀選我

就是為了不叫我遇見這個試探

- 如果我還要說：我不明白上帝的愛和恩典，不感謝基督耶穌為我這樣卑賤的忘恩的人而死。
- 保羅說的罪人中的罪魁，就非我莫屬了。
- 世上若有任何人該下地獄，我就是第一個！

五、「不叫我們遇見試探」就是「在基督裏」主自己的榜樣

基督沒有私慾

但是

基督卻為了祂所愛、所拯救的人

自願接受各樣的試探

受這一切試探，為的是：

- 因我們的大祭司，並非不能體恤我們的軟弱。祂也曾凡事受過試探與我們一樣，只是祂沒有犯罪。所以我們只管坦然無懼的來到施恩的寶座前，為要得憐恤，蒙恩惠，作隨時的幫助。
- 祂自己既然被試探而受苦，就能搭救被試探的人。（希伯來書 4：15；2：18）

這都是基督作榜樣的最好教導

在人生路上面對各樣試探時

上面的思考和基督的榜樣

是支持和帶領我們走完全程的最大保障

感謝上帝。感謝主耶穌基督。感謝聖靈。阿們。

第八章　救我們脫離兇惡

- 「救我們脫離兇惡」。原來這兇惡不是今生的生死，而是與上帝隔絕的死。是「你吃的日子必定死」的死。又惡又懶的人，是體貼肉體的懶與惡。體貼肉體的就是死，就是與上帝隔絕。「你們這些作惡的人，我從來不認識你們」。又是連於惡者的人，也是與上帝隔絕。雖然表面殷勤作「主」工，卻是作惡的人。只有在基督裏，才能不與上帝隔絕。才能完全脫離惡者，因為世界的王在基督裏毫無所有。

一、「救我們脫離兇惡」就是「在基督裏」。只有在基督裏，「救我們脫離兇惡」才能實現

和上面思考的試探一樣，

只有在基督裏才能脫離兇惡

所不同的是：

試探來自我們的私慾。只有在基督裏才能沒有私慾

兇惡來自魔鬼。只有在基督裏才能抵擋魔鬼

現在思考上面禱告記載的兇惡和死。以及為什麼只有在基督裏，才能脫離這兇惡。

- 這兇惡不是今生的生死，而是與上帝隔絕的死。是「你吃的日子必定死」的死

- 又惡又懶的人，是體貼肉體的懶與惡。體貼肉體的就是死，就是與上帝隔絕。

- 「你們這些作惡的人，我從來不認識你們」。又是連於惡者的人，也是與上帝隔絕。雖然表面殷勤作「主」工，卻是作惡的人

- 只有在基督裏，才能不與上帝隔絕。才能完全脫離惡者，因為世界的王在基督裏毫無所有。

（一）這兇惡不是今生的生死，而是與上帝隔絕的死。是「你吃的日子必定死」的死

（1）今生的死與永死

- 今生的死是身體的死
- 是在世上生命的結束
- 時間最多在一百年上下
- 永遠的死是和上帝隔絕
- 不是幾十年、一百年、而是一直到永遠的隔絕
- 這個死是**靈與上帝隔絕**的死
- 也是上帝告訴亞當「不可吃分別善惡樹的果子」時，所說的「你吃的日子必定死」的死
- 亞當吃了那果子以後，身體沒有死。而且活了九百多年，為了生養眾多，遍滿地面，管理上帝所造的世界
- 在這九百多年中，亞當與上帝隔絕，對上帝而言，亞當是死的
- 這種死是聖經講的**永死**

（2）與上帝隔絕的死

上面講的與上帝隔絕的死，是聖經裏許多提到「死」這個字時所說的死。和世上身體的死完全不同。若把兩種死混為一談，只會帶來許多困擾和困惑。

和這「與上帝隔絕的死」相對的，就是「與上帝不隔絕的活」。這樣的活又是聖經中需要特別分辨的活，不是指身體的活。

一個可能最明顯的例子是：

- 人活著，不是單靠食物，乃是靠上帝口裏所出的一切話

這個「**活**」明顯是指**靈與上帝的結合**，不是指世上身體的活。

另一個例子是：

- 上帝不是死人的上帝，乃是活人的上帝。因為在祂那裏，人都是活的　（馬太福音 22：32；路加福音 20：38）

把人的「**靈的死與活**」、和「**肉體的死與活**」**區分**，是聖經教導「**死**」與「**活**」時的一個重要認識。

因此，

當人的靈與上帝隔絕，在上帝看來這個靈是死的

不論這人的肉體活多久，對上帝言都是死的

等到肉體死了，這人的靈仍然與上帝隔絕，仍然在死的狀態。

在最後審判時，所有人都復活

與上帝隔絕的人，被上帝定為有罪，被丟在火湖裏

那是啟示錄說的第二次的死，也是此地說的永死

（二）又惡又懶的人，是體貼肉體的惡與懶。體貼肉體的就是死，就是與上帝隔絕

什麼人與上帝隔絕？要完全回答，可能不容易。筆者試著這樣回答：

- 拒絕上帝的人
- 違背上帝命令的人
- 不信上帝的人
- 褻瀆上帝的人
- 抵擋上帝的人
- 拜其它神的人

基督徒是相信上帝、接受上帝的人。應該不在與上帝隔絕的人中。但是主耶穌教導和警告一些基督徒可能犯的錯。其中一個是又惡又懶。我們需要特別謹慎思考。

（1）又惡又懶的人，是體貼肉體的惡與懶

主耶穌在對祂所託付的僕人中，提到：

- 一種是良善忠心
- 一種是又惡又懶

從字面看，似乎兩者的差異只在於工作果效：

- 一個忠心
- 一個懶惰

可能會以為：只要改過，工作效果就一樣了。其實不然。若是深一層分析為什麼，兩者的真正差異來自

● 一個**善**

● 一個**惡**

因為惡，所以從心底所思想的全是惡

既是惡就是與上帝為敵，與上帝為敵就是死

這樣的惡和體貼肉體常常有分不開的關係。因為體貼肉體，而肉體又是好逸惡勞，一個自然的結果是：懶惰。一旦體貼懶惰，在主耶穌所託付的工作上，就不可能忠心以赴。

因此，要對付的是**靈裏的惡**。這個惡又和惡者魔鬼分不開。因為成了魔鬼的奴僕，被魔鬼所用，抵擋上帝。

（2）**體貼肉體的就是死，就是與上帝隔絕**

聖經教導：

● **體貼肉體的就是死**

● **體貼肉體就是與聖靈為敵**

● 體貼肉體，就是與上帝隔絕，就是死

● 體貼肉體，就與聖靈為敵，當然也是死

另外一個與上帝隔絕的是「**愛世界**」：

● 人若愛世界，愛父的心就不在他裏面了

● 什麼是愛世界？

● 就是愛世上的事：肉體的情慾，眼的情慾，今生的驕傲

讓我們與上帝隔絕的事太多了

外界的引誘、自己的軟弱又太大了

除了在基督裏，誰能救我們脫離兇惡呢？

（三）「你們這些作惡的人，我從來不認識你們」。又是連於惡者的人，也是與上帝隔絕。雖然表面殷勤作「主」工，卻是作惡的人

主耶穌除了責備惡的心，也責備作惡的人。

這裏是一段常常引起困擾的經文：

- 當那日，必有許多人對我說：主阿、主阿，我們不是奉你的名傳道，奉你的名趕鬼，奉你的名行許多異能嗎？
- 我就明明的告訴他們說：我從來不認識你們。你們這些作惡的人，離開我去罷。（馬太福音 7：22、23）

從人的角度，這些熱心事奉、大有能力的人，應該是最被基督徒羨慕、最能得主耶穌稱讚的人。卻絕沒想到得到主耶穌這樣嚴厲的評語。為什麼？

（1）作惡的人

什麼是作惡的人？一般回答是：作惡事的人。包括殺人、放火、欺詐、姦淫、貪污、偷盜、以及種種犯法、害人的事。

但是這裏主耶穌稱為作惡的人，可能並沒做這些事。相反的，他們作的正是基督徒都認為最該作的事：

- 傳福音，趕鬼，行異能
- 傳福音是許多基督徒都在作的事
- 趕鬼和行異能，則是許多基督徒希望能作、羨慕想作、但作不到的事！

我們只有一個猜測：

主耶穌知道誰是屬祂的人

誰是不屬祂的人

聖經明白教導：

- 撒旦也會裝作光明的天使。
- 所以它的差役，若裝作仁義的差役，也不算稀奇。
- 他們的結局，必然照著他們的行為（哥林多後書 11：14、15）

這裏至少有幾個功課要學：

- 不從外表現象、判斷一個人所作的、是否蒙上帝喜歡

● 我們要極為謹慎、小心所聽到的信息。慎思明辨。不是只要看似合乎聖經教導的就一律接受

● **好好讀聖經，常常禱告。讓上帝的話和上帝的靈、時時帶領和教導我們**

這就是

脫離兇惡的一個最有效武器

（2）作主工

這些被主耶穌責備的人，自以為在為主作工。猜測也為此盡心竭力，卻整個走錯了路。歸根究底，他們的信仰出了根本問題。

在此，筆者無能、也無資格評論和分析其中原因。只能用聖經的一段教導提醒自己：

● 猶太人問主耶穌：我們當行什麼，才算是作上帝的工呢？

● 耶穌回答說：信上帝所差來的，這就是作上帝的工（約翰福音 6：28、29）

因此，

不是從作的工判斷

而是從「出於什麼信心作這工」判斷

對此，筆者的領受是：

沒有任何人的「行」

只有從上帝來的「信」就才是作上帝的工

信了以後才能禱告，才能傳福音，才能過聖潔生活

這一切「行」都基於「信」

感謝上帝的教導。

（四）只有在基督裏，才能不與上帝隔絕。才能完全脫離惡者，因為世界的王在基督裏毫無所有。

（1）怎樣才能不與上帝隔絕

前面提過一些使我們與上帝隔絕的因素：

● 拒絕上帝

● 違背上帝命令

● 不信上帝

● 褻瀆上帝

● 抵擋上帝

● 拜其它神

● 體貼肉體

● 愛世界

除了這些因素，聖經還教導基督徒要避免的事：

● 給魔鬼留地步

● 放縱肉體的情慾：包括發怒、計算人的惡、喜歡不義、不喜歡真理

這些都是消極的思考。

要不與上帝隔絕，應該從積極方面思考和行動

這些思考正好與上面的消極思考相反

積極思考和行動包括：

● 相信上帝

● 愛上帝

● 順從上帝命令

● 愛讀經

● 愛禱告

● 學習愛人如己

● 學習愛仇敵

● 體貼聖靈

● 學習捨己

● 學習背自己十字架

● 學習凡事謝恩

● 　恆心行善，尋求榮耀、尊貴、和不能朽壞之福

當我們走在這些積極的、與上帝親近的路上時，魔鬼就必離開我們逃跑了，如聖經所保證的。（雅各書4：7）感謝上帝。阿們。

（2）世界的王的權勢

這世界的王有什麼權勢？是我們需要知道、才能時時提醒自己、和警惕的事。可以這樣說：

只要不在上帝的國裏，就一定在魔鬼的權勢之下

因此，無需一一列出魔鬼有那些權勢，能做些什麼。只要我們離開上帝，就立即在魔鬼的權勢之下。

要不在魔鬼權勢裏，只有在上帝的國裏

要在上帝的國裏，只有在基督裏

二、上帝在基督裏揀選我們，就是在「救我們脫離兇惡」裏揀選

上帝揀選的人，上帝要賜給他們永生

與永生為敵的就是永死

永死來自與上帝隔絕，來自兇惡

因此，

上帝在基督裏的揀選就是為了脫離兇惡，脫離永死

為此，

上帝揀選人是為了使這些人脫離兇惡，脫離永死

如上所述，

要脫離兇惡只有在基督裏

因此，

上帝在基督裏揀選才能達到這個目的

這又是一個

上帝揀選人的目的

這個目的又包括在主禱文裏

三、用「在基督裏」認識「救我們脫離兇惡」

上帝救人，首先要做的事情之一，是救這些人脫離兇惡：

從兇惡的權勢下把這些人救出來

救出之後，還要繼續保守他們不受兇惡的侵擾。

救出來是把這些人帶進基督裏

保守又是在基督裏保守這些人

因此，

脫離兇惡從始至終都是在基督裏成就

不靠基督的死，人不能自救

不靠基督的復活，人不能自保

人與基督的死與復活聯合，都是在基督裏實現和成就

四、用「救我們脫離兇惡」認識「在基督裏的揀選」

綜上所述，

上帝揀選是在基督裏的揀選

上帝救我們脫離兇惡是在基督裏的拯救

上帝繼續保守我們不受兇惡的干擾也是在基督裏保守

因此，

救我們脫離兇惡是在基督裏揀選的目的

也唯有在基督裏才能成就

這就是

為什麼上帝的揀選要在基督裏揀選

的另一個重要原因。

五、「救我們脫離兇惡」就是「在基督裏」主自己的榜樣

基督在世上的一生，都活在兇惡之中、或兇惡的陰影下。

● 從出生起，希律要殺害

● 出來事奉的整個過程中，始終就面對猶太人的迫害，和最後的殺害

● 不僅如此，復活後，還要忍受門徒的不信。這又是另一形式的兇惡。我們可曾想過：**自己常常不自覺地在迫害基督嗎**？

不論那種兇惡，基督都勝過了。這是我們最需要的榜樣。因為基督一再告誡門徒：

● 他們逼迫了我，也要逼迫你們。

● 你們若屬世界，世界必愛屬自己的人。

● 只因你們不屬世界，乃是我從世界中揀選的人，所以世界就要逼迫你們。

保羅也教導：

● 凡立志在基督耶穌裏敬虔度日的，都要受逼迫。

這是作基督徒的代價，也是作基督徒的福氣

因為

非如此我們不知道上帝恩典的可貴

我們也許永遠不知道為什麼要「在基督裏」

感謝上帝。感謝主耶穌基督。感謝聖靈。阿們。

第九章　因為國度、權柄、榮耀全是你的直到永遠。阿們

● 「國度、權柄、榮耀、全是上帝的」。只有在基督裏那才可能。

一、「國度、權柄、榮耀、全是上帝的」就是「在基督裏」。只有在基督裏，「國度、權柄、榮耀、全是上帝的」才能實現

> 國度是上帝的國度
>
> 權柄是上帝的權柄
>
> 榮耀是上帝的榮耀
>
> 國度、權柄、榮耀、全是上帝的

在天上，這一切，從永遠到永遠，都是上帝的。從來沒有問題。問題出在地上，出在地上犯罪的人。

> 因為人犯罪，因為人背叛上帝，因為人離開上帝

因此，

> 上帝的國度、權柄、和榮耀
>
> 在地上被罪人攔阻而不得彰顯

為此，

> 上帝差遣獨生愛子到世上為要拯救上帝揀選的人
>
> 在這些人的身上
>
> 上帝要恢復上帝的國度、權柄、和榮耀

到末日審判後，這些人要進入上帝永遠的國。那時才是上帝的國度、權柄、和榮耀完全呈現在這些人身上，直到永遠之時。

> 上帝的國度、權柄、和榮耀要在世上實現
>
> 只有在世上的上帝國裏
>
> 這國就是基督，就是在基督裏

感謝上帝賜此認識。因此，

上帝所揀選的人一定要進入基督

才能看到上帝的國度、權柄、和榮耀

也才能遵守和活在上帝的國度、權柄、和榮耀中

二、上帝在基督裏揀選我們，就是在「國度、權柄、榮耀、全是上帝的」裏揀選

承上所述，

上帝揀選得救的人

最終目的就是要把這些人帶進上帝的國中

就是要這些人活在上帝的國度、權柄、和榮耀中

如上所說，只有在基督裏這些才能實現。因此，上帝在基督裏的揀選也是為了這個目的。

這就是上帝揀選的目的

也是為什麼上帝要在國度、權柄、榮耀裏揀選

三、用「在基督裏」認識「國度、權柄、榮耀、全是上帝的」

我們常把國度、權柄、榮耀、掛在口上。但是有沒有好好思想這三個名詞的意義，和對我們永恆生命的重要性？

如果把上帝的國度從我們生命中拿走

我們的生命還剩什麼？

如果把上帝的權柄從我們生命中拿走

我們的生命還剩什麼？

如果把上帝的榮耀從我們生命中拿走

我們的生命還剩什麼？

這是三個非常重要的問題。需要所有基督徒一再問自己。從對聖經、對上帝、和對救恩的認識，思考它們的答案。

　　這樣的思考，留給讀者。因為每個人的生命不同，問題不同，需要也不同，很難有一定的答案。

　　經過每個人自己的思考，從永恆生命的生與死思考，以嚴肅的心態面對，得到的心得必然是最適合各人的需要。

　　求聖靈帶領，讓這句禱文不再流於口號和空談。

　　四、用「國度、權柄、榮耀、全是上帝的」認識「在基督裏的揀選」

　　這樣的思考，再次提升我們對上帝揀選的認識，尤其是為什麼要在基督裏揀選。首先，

不在基督裏

不可能國度、權柄、榮耀全是上帝的

其次，

不在基督裏

不可能看見上帝的國度、權柄、和榮耀

第三，

不在基督裏

不可能享受上帝的國度、權柄、和榮耀

這裏，再一次經歷到

從風聞到眼見

以及

從眼見到經歷

再

從經歷到得著

　　這些都是生命成長的程序。讓基督的生命真正實現在信祂的人身上。那時我們才能真正明白

為什麼上帝要在基督裏揀選我們

因為

上帝要賜給我們的福氣全在基督裏

五、「國度、權柄、榮耀、全是上帝的」就是「在基督裏」主自己的榜樣

讀福音書時，看到的都是

基督如何彰顯上帝的國度、權柄、和榮耀

以國度為例，

基督一再教導門徒求上帝的國和義

以權柄為例，

基督一再求上帝的旨意成就

而非自己的旨意

以榮耀為例，

基督一再求上帝讓基督榮耀上帝

這是我們最好的榜樣

是基督用世上的生命

經歷最大的身心靈的痛苦所實現所成就的救贖之功

為的就是

把所有上帝所揀選和拯救的人

帶入上帝的國度、權柄、和榮耀中

感謝上帝。感謝主耶穌基督。感謝聖靈。阿們。

第十章　總結

在本書中，從兩方面思考兩個聖經的真理：**在基督裏** 和 **主禱文**。

從主禱文認識在基督裏

從在基督裏認識主禱文

在筆者以前的書中，幾次從主禱文的角度，認識聖經教導。包括：

- 信、望、愛
- 捨己與十字架
- 凡事謝恩
- 道路、真理、生命
- 上帝的創造與拯救

這是第一次，再從另一聖經真理，「**在基督裏**」，認識主禱文。這樣的認識，若沒有聖靈的感動，完全不可能實現在筆者的無知裏。

在此，總結本書的心得：

一、主禱文就是「在基督裏」。只有在基督裏，九句主禱文才能實現

主禱文的九句禱文，都只有在基督裏才能實現。若不在基督裏，都沒有實現的可能。這正、反兩面，都已作分析和思考。因此，帶來第一個關聯：

主禱文就是「在基督裏」

只有在基督裏九句主禱文才能實現

二、上帝在基督裏揀選我們，就是在主禱文的九句裏揀選

從主禱文的九句禱文，思想上帝的揀選，因而進一步認識上帝揀選的意義和目的。

「在基督裏揀選」，因此不再是一句摸不著的話。而成了具體、容易明白、和照著追求和實行的教導。

第二個關聯是：

上帝在基督裏揀選我們

就是在主禱文的九句禱文裏揀選

三、用「在基督裏」認識主禱文

如上所述，這是筆者第一次從聖經的另一真理認識主禱文。

因為「在基督裏」是上帝一切豐富之源。從「在基督裏」認識主禱文，應該是最好的嘗試。

此地思考心得極為有限，只能說起了一個頭。盼望讀者們在這條路上走得更遠、更深，讓上帝無限的豐富和恩典，更多向祂的兒女顯示。

四、用主禱文認識「在基督裏的揀選」

要用主禱文認識在基督裏的揀選，這和對主禱文自己的認識有極大的關係。越認識主禱文，越能以此認識聖經的其它真理，包括「在基督裏」和「在基督裏的揀選」。

上帝在基督裏揀選為要我們成為祂的兒子

只有成為上帝兒子才能聖潔、無有瑕疵

上帝在基督裏揀選為要我們尊祂為聖

只有尊上帝為聖才能聖潔、無有瑕疵

上帝在基督裏揀選為要我們進入祂的國

只有在上帝國裏才能聖潔、無有瑕疵

上帝在基督裏揀選為要祂的旨意在我們身上通行無阻

只有上帝旨意通行無阻的人才能聖潔、無有瑕疵

上帝在基督裏揀選為要我們得著上帝自己：聖靈

只有得到聖靈的人才能聖潔、無有瑕疵

上帝在基督裏揀選為要免我們的債，也要我們彼此免債

只有被上帝免債也免人的債才能聖潔、無有瑕疵

上帝在基督裏揀選為要我們不遇見試探

只有不遇見試探的人才能聖潔、無有瑕疵

上帝在基督裏揀選為要我們脫離兇惡

只有脫離兇惡的人才能聖潔、無有瑕疵

上帝在基督裏揀選

為要我們重新活在上帝的國度、權柄、和榮耀中

只有活在上帝國度、權柄、榮耀中的人

才能聖潔、無有瑕疵

五、主禱文就是「在基督裏」主自己的榜樣

主禱文除了是主耶穌教導門徒如何禱告

教導門徒該想些什麼求些什麼

主禱文更是主耶穌自己的實現榜樣

就像筆者在『啟示福音』書中，比較馬太福音的登山寶訓，和約翰福音最後晚餐的教訓。發現：

● 前者是主耶穌要門徒走的路
● 後者是主耶穌自己走給門徒看的榜樣

主禱文是主耶穌要門徒思想和生活的依據

「在基督裏」是主耶穌自己的生命與生活

是對主禱文最好的詮釋，也是主禱文唯一的榜樣

感謝上帝賜此福氣，思考這兩樣最寶貴的真理。

感謝主耶穌賜此教訓，又為它作最好的示範和榜樣。

感謝聖靈的感動，教導，和責備。阿們。

後記

在基督裏

父阿，我在那裏

願你所賜給我的人也同我在那裏

叫他們看見你所賜給我的榮耀

我在那裏，服事我的人也要在那裏

認識基督，愛基督，在基督裏

- 在基督的話裏
- 在基督的靈裏
- 在基督的光裏
- 在基督的愛裏
- 在基督的平安裏
- 在基督的喜樂裏
- 在基督的柔和裏
- 在基督的謙卑裏
- 在基督的道路裏
- 在基督的真理裏
- 在基督的生命裏
- 在基督的死裏
- 在基督的復活裏
- 在基督的捨己裏
- 在基督的十字架裏

上帝在基督裏揀選了我們

使我們在祂面前成為聖潔無有瑕疵

上帝如何在基督裏揀選？

使被揀選的人成為聖潔無有瑕疵？

只有基督在上帝前聖潔無有瑕疵

因此，

　　「在基督裏的揀選」又可從下列層面思考：

- 在基督的話裏揀選
- 在基督的靈裏揀選
- 在基督的光裏揀選
- 在基督的愛裏揀選
- 在基督的平安裏揀選
- 在基督的喜樂裏揀選
- 在基督的柔和裏揀選
- 在基督的謙卑裏揀選
- 在基督的道路裏揀選
- 在基督的真理裏揀選
- 在基督的生命裏揀選
- 在基督的死裏揀選
- 在基督的復活裏揀選
- 在基督的捨己裏揀選
- 在基督的十字架裏揀選

第二部　八福　『主禱文・八福』

以主禱文為指引

認識聖經

第一章　從「用主禱文禱告」認識聖經

壹、如何用主禱文禱告

在基督徒的靈命成長中，禱告是非常重要的一環，常與讀經並稱為基督徒靈命成長的兩大支柱。除了因日常生活各種需要而向上帝祈求，**禱告更直接影響我們對上帝的認識**。

主耶穌在馬太福音六章5至13節，**教導門徒有關禱告的事。除了對禱告的正確認識，也教門徒如何禱告。這段禱告被稱為主禱文。**茲將馬太福音6章5 -13節經文印錄於下：

你們禱告的時候，不可像那假冒為善的人，愛站在會堂裏和十字路口上禱告，故意叫人看見。我實在告訴你們，他們已經得了他們的賞賜。你禱告的時候，要進你的內屋，關上門，禱告你在暗中的父。　你父在暗中察看，必然報答你。你們禱告，不可像外邦人，用許多重複話。他們以為話多了必蒙垂聽。你們不可效法他們，因為你們沒有祈求以先，你們所需用的，你們的父早已知道了。

所以你們禱告，要這樣說：

我們在天上的父：

願人都尊你的名為聖。

願你的國降臨。

願你的旨意行在地上，如同行在天上。

我們日用的飲食，今日賜給我們。

免我們的債，如同我們免了人的債。

不叫我們遇見試探。

救我們脫離兇惡。

因為國度、權柄、榮耀，全是你的，直到永遠。阿們。

　　主禱文有七句禱告，一句起頭稱呼，一句結尾宣示。雖然主日崇拜中，許多教會都會由全體會眾背誦主禱文，但極少聽到有人在禱告時用主禱文的句子來禱告。似乎主禱文的內容和我們的需要完全無關，變成只要會背它和在崇拜中唸了一遍就夠了。

　　這就是主耶穌賜下主禱文的用意嗎？另外，從主耶穌對禱告的教導，很自然會問一個問題：「**既然上帝早就知道我們的需用為何，又不要我們像外邦人一樣重複地講，那為什麼還需要禱告呢？**」

　　有人回答說，上帝就是喜歡我們向祂求，如同孩子向父母求，然後祂自會賜下。這種理由似乎太膚淺了，而且完全沒能和主禱文聯結。另一更可能的原因是：

我們並不知道真正需要的是什麼

很可能我們完全求錯了，完全走偏了都不自知。

上帝要藉著禱告來糾正我們的偏差

讓我們的注意力重新對焦；

照上帝的心思看我們真正的需要

而不再照自己體貼肉體的心靈，去求以為需要的事物。原來：

主禱文是要我們從上帝的角度禱告

不是從我們的角度禱告

從這個角度來看主禱文，立刻帶給人嶄新的認識。

主耶穌在對基督徒可能是最重要的題目上

講了一段極少被基督徒使用的教導

是件多可惜的事！　也是我們的損失！

　　二十多年前，筆者開始學習用主禱文禱告。在一次遇到困擾，以自己習慣的方式禱告良久，還是得不到答案時，只有用主禱文「姑且一試」。找個安靜的地點，夜深人靜時，關上門，如主所說「禱告在暗中的父」。從主禱文第一句起，心中唸一句，停下

來，安靜在上帝面前，等候聖靈的帶領。結果得到完全意想不到的答案，解決問題。從此開始了用主禱文禱告的經歷，獲益極多。在『**如何用主禱文禱告**』書中有詳細記述。

此地用一個例子，說明如何用主禱文禱告，得到完全想不到的答案、卻是完全符合聖經的答案。

當夫妻意見不和有衝突時，誰是誰非常難定論。偏偏我總認為是別人的錯。為此禱告許久，反復講同樣的話，甚或告狀，一點也不見效，亦無答案。但在用主禱文禱告時，第一句起頭語就給了答案。

「我們在天上的父」，讓我思想我和天父的關係。既然我稱上帝為父，我就是上帝的兒子。什麼樣的人才是上帝的兒子呢？聖靈讓我想起八福的第七福：

「使人和睦的人有福了，因為他們必稱為上帝的兒子」。(馬太5:9)

現在，

和妻子沒有和睦，就不是上帝的兒子！

這就是上帝藉著主禱文給我的答案：

如果想做上帝的兒子，一定要與妻子和睦！

如果還堅持己見，認為都是她的錯而失去和睦，我就不配做上帝的兒子。

和做不成上帝的兒子的嚴重性相比

放下自尊，向妻子道歉真是微不足道

果然在一陣天人交戰後，決定向妻子道歉，一場風波就此平息。這一句的功效**屢試不爽**。只此一句起頭語已然如此神效，只有說

深哉！上帝豐富的智慧和知識

他的判斷何其難測，他的蹤跡何其難尋

(羅馬書11:33)。

接續上述用主禱文禱告的方式，

如果過了一下仍無答案，就唸下一句，再等答案

在各句主禱文的這般應用中，

有時上帝用另一經節清楚指出答案

有時雖不藉該句主禱文所聯想到的經文給答案，

卻藉這聯接賜下對聖經更全面的認識

然後再藉其它主禱文的句子，用類似的方法，賜下答案。多年下來，

得到禱告答案固然可喜

認識聖經和認識上帝反成了更大、更寶貴的福氣

從此開始體會保羅

直接從上帝領受教導的喜樂

這是從未想到過的。聖經說的一些特殊福氣，比如

眼睛未曾看見，耳朵未曾聽見，人心未曾想到

的福氣，開始

——實現在用主禱文禱告的過程中

這份喜樂，不但出人意外，超過所求所想，而且是有增無已。

不知道還有什麼讓喜歡聖經、饑渴慕義的人更喜樂的？

貳、從主禱文認識聖經

在上述用主禱文禱告、因而認識聖經的經歷中，另一個極為寶貴的體認是：

明白甚麼是：聖靈使我們想起主的一切話

和

聖靈引導我們明白一切真理

想起主的話、也許並無新奇之處，因為本來已經記得這些話。但聖靈藉著使人想起這些話，而作從未想到、聽到、看到的聯接，因而明白真理，那真是太寶貴的福氣，也絕非筆者自己可能想出的關聯。

第一個例子就是

主禱文與八福的關聯

雖然上述第一次的經歷，是從「**我們在天上的父**」想到「**使人和睦的人有福了，因為他們必稱為上帝的兒子**」。一旦明白這一關聯，自然不會只停在此。進一步——比較主禱文與八福時，果真看出其它各句子間的關聯。

認識這樣關聯的一個直接幫助是：

從主禱文的角度認識八福

和

從八福的角度認識主禱文

結果對八福和主禱文都有進一步的認識，也是此前從未想到的事。真是何等的寶貴！

這樣的認識聖經，在後來的二十幾年中一再出現。其中細節記錄在筆者其它書中，包括：

- 『主禱文 II.信望愛』
- 『主禱文.真知道祂』
- 『主禱文 III.捨己與十字架』
- 『主禱文 IV.凡事謝恩』
- 『主禱文 V.道路、真理、生命』
- 『主禱文 VI.在基督裏』
- 『主禱文 VII.只見耶穌』
- 『主禱文 VIII.十字架十三篇』

- 『主禱文 IX.人活著十三篇』

用主禱文禱告，得到的幫助極大，在『**如何用主禱文禱告**』書中有詳細介紹。可以總括為：

一、得到聖經答案

二、橫面聯貫聖經

三、縱面認識聖經

四、體驗聖靈工作

五、聖靈直接教導

六、從風聞到眼見

七、靠主一切話活

獲益極為豐富。每次禱告後，把心得記下，心中充滿喜樂和感恩。對聖靈的教導，一再體驗；對聖經的認識，一再增加。從另一層面、體會

常常喜樂，不住的禱告，凡事謝恩

這裏不重覆前書的細節，只錄下該書「**總結**」中得到的幫助如下：

與人和睦

- 夫妻
- 父母兒女
- 同事
- 教會弟兄姐妹
- 不喜歡的人
- 仇敵

去掉心中雜念 賜下平安

- 憂慮
- 悲傷
- 煩惱

- 懼怕
- 懷疑
- 不信

靈命成長

- 謝恩
- 喜樂
- 讚美
- 認罪
- 悔改
- 愛上帝

認識聖經

- 深入認識
- 找出關聯
- 喜愛聖經
- 敢傳福音
- 為道爭辯
- 為主而活

認識主耶穌

- 主是道路
- 主是真理
- 主是生命
- 主的虛己
- 主的謙卑
- 主的忍耐

認識聖靈

- 賜安慰
- 想起主的話
- 明白主的話

- 想起主的路
- 榮耀主
- 見證主

認識上帝

- 認識上帝旨意
- 認識上帝救恩
- 認識上帝揀選
- 認識上帝的愛
- 認識上帝安排
- 更愛上帝

這一切都是藉著禱告而獲得。是聖靈教導、引導、和感動，得以親身體會。從以前「風聞」，到現在「親眼看見」，聖經不再只是一本常讀的書而已。靠著聖靈在禱告中的帶領，賜下豐盛的生命，都是上帝在聖經裏所應許的。對基督徒來說，還有什麼比這種生命的體認更給人喜樂和感謝的？

第二章　用主禱文作讀經指引
從「以主禱文為指引」認識聖經

上面講的「**靠主禱文認識聖經**」是「**藉著用主禱文禱告**」而得。如所舉的例子，所有這樣的禱告，對聖經思考的方向都不是原來所預期的。完全靠聖靈在禱告中的教導，找出思考的方向。這些方向都是若靠筆者自己的思索、所不可能想到的。

但是，這樣的禱告、可能不是每個人短時間內就能立即做到和收到效果的。原因至少有：

- **聖經方面**：對聖經不夠熟悉，無法想起主的話
- **禱告方面**：需要喜歡禱告，相信禱告，和對用主禱文禱告的練習

只要在這兩方面下功夫，得到聖靈教導應該是指日可期的事。

在這樣得到聖靈教導之前，另外一個能「**從主禱文認識聖經**」的方法，不是**藉禱告**，而是直接「**以主禱文為指引**」，默想思考而得。

不是透過用主禱文禱告

而是以主禱文的九句禱文為指引

直接從這九方面思考該段聖經的意義

這是本段要介紹和舉例討論的。這裏是這樣思考和認識聖經的一個原則和指標。以八福的第一福「**虛心**」為例：

從主禱文為「虛心」找出九個要件，九個性質

和

基督徒需要「虛心」的九個必要原因

在以下的例子中，都從主禱文的九句禱文思考各主題。

（1） 我們在天上的父

（2） 願人都尊你的名為聖

（3） 願你的國降臨

（4） 願你的旨意行在地上，如同行在天上

（5） 我們日用的飲食，今日賜給我們

（6） 免我們的債，如同我們免了人的債

（7） 不叫我們遇見試探

（8） 救我們脫離兇惡

（9） 因為國度、權柄、榮耀，全是你的，直到永遠

這裏強調一點：

用主禱文作指引認識聖經不要流於公式化

一旦公式化，容易流於形式。思想因此被條文捆綁，不能自由運用；思考受限，難以自由發揮。

如果要對「**用主禱文作指引，認識聖經**」提出一些原則，這裏是筆者的建議：

- **先找出要查經文的主題和中心。從主禱文的角度認識這主題。**

- 這樣的認識，讓整卷書、整章、或整段要查的聖經，有**符合主禱文的認識**。大方向先正確，再向個別細節發揮。一個「主題」和「中心」的例子，是以弗所書的「**在基督裏**」。那是整本以弗所書的中心。

- 其次，**再用主禱文認識各次要主題**。一個次要主題的例子，是以弗所書的「**在基督裏的揀選和預定**」。

- 個別經節，若是獨立主題，如八福的個別福氣，也可從主禱文一一思考。

這樣認識聖經，

是從上到下，從一點到全面

這「上」是主耶穌賜下的主禱文

那是基督對門徒的要求的精華。

基督是真理。基督說的話都是真理

既是真理，就該完全接受，不容置疑。從這樣的接受真理出發，從中心到全部，從點到面。

確定「上帝的真理不但是指引，也存在於每一書、每一章、每一段、每一主題、和相關經文中。」

● 也許經過這樣思考後還是不明白要查的經文

● 但不致因不明白而偏離上帝的真理，甚至懷疑聖經的正確

● 這是極重要的事，卻可能在一般的查經中被忽略

在筆者所著「用主禱文作指引，認識聖經」的例子中，包括「整本書卷」和「個別經節」。

● 「**整本書卷**」例子中，有「以弗所書」。從「以弗所書」中選出 40 個主題，用主禱文第二句「**願人都尊你的名為聖**」作指引思考。

● 「**個別經節**」例子中，有「馬太福音」中、登山寶訓、八福中的「虛心」福氣。以主禱文的九句禱文為指引，思考這個福氣。

在本書中，把「**以主禱文為指引、認識聖經**」推廣至整個八福。對八福思考的原則是：

按照筆者對八福的認識（見『**啟示福音**』），主耶穌教導這些福氣時，可能有一定的次序：

第一福是八福之始，並且是其它七福的基礎

若沒有虛心，就不會進入第二乃至第八福

同時，其它七福也繼續這樣的次序：

- **有第二福才有第三福**
- **如此類推，一直到第八福：「為義受逼迫」**

按照這樣的瞭解，這些福氣就不是雜亂無章，彼此不相干，可有可無。相反的，正是藉著這樣的次序，主耶穌教導門徒一個天國極重要的原則：

得救 => 稱義 => 成義 => 成聖

先救靈 => 再救心 => 最後救身

先認識道路

從走道路明白真理

從接受真理得到生命

這些天國的真理和福氣，都井然有序，讓門徒可以按步就班，學習和得著基督應許的各樣屬靈福氣。

這是本書思考的基礎。

第三章　虛心的人有福了，因為天國是他們的

如上所述，從主禱文、為「**虛心**」找出九個要件、九個性質、和基督徒需要「**虛心**」的九個必要原因。

（1）　我們在天上的父

● **上帝是我的天父**

● **我是上帝的兒子**

上帝的兒子對上帝應該是甚麼心態？就以上帝的獨生子基督對上帝的心態作榜樣。

腓利比書2章說：

● 祂本有上帝的形像。不以自己與上帝同等為強奪的，反倒虛己，取了奴僕的形像，成為人的樣式。既有人的樣子，就自己卑微，存心順服，以致於死，且死在十字架上。

這是上帝獨生子對上帝的態度：

虛己

因這虛己，才能成就上帝的一切救恩

聖子的「**虛己**」，就是所有上帝兒女該有的最重要心態。這就是此地思考的「**虛心**」。

在上帝前虛心，才能讓上帝在我們身上的一切旨意、推行如同行在天上。這「**虛心**」關係我們對上帝的順服，對上帝話語的信服和依靠；關係我們整個靈命的成長和興亡。

難怪「**虛心**」是八福的第一福，也是進天國的必要因素。

（2）　願人都尊你的名為聖

甚麼是「**尊上帝為聖**」？就是「**在上帝之外，沒有別的神**」：十誡中的第一誡。

如何在上帝之外，沒有任何我們認為神聖不可侵犯之物？就看在上帝之外，我們心中還有甚麼控制和佔據思想的事物。

　　若要在上帝之外，沒有任何佔據我們思想的事物，沒有我們努力追求、重要性超過上帝的事物，只有一個可能：

除了上帝，我們心中全無一物

這就是虛心：靈裏貧窮、一無所有

　　這是另一個「虛心」的必要、和「虛心」有福的理由。

（3）　願你的國降臨

　　誰能在上帝國裏？主耶穌對有錢財、想進天國、卻不願放下財富的人，說：「財主進天國是何等的難哪」。如果主耶穌都說何等的難，那就是不可能的事。

　　財寶只是一個例子。其它如名、權、享受、體貼肉體，在在都是攔阻人進天國的因素。這些也是使人不能虛心的原因，因為這些事物的吸引力大於上帝的國。

　　要進天國嗎？放下這一切，這就是「虛心」。

（4）　願你的旨意行在地上，　如同行在天上

　　為什麼上帝旨意無法行在我身上？非常簡單：

因為有我更大的旨意存在和作主宰

　　解決之道，就是

我需要靈裏貧窮，那就是虛心

　　說起來似乎容易，也不是不知道。為什麼一直有這問題和困難？可能是始終不明白其中的關鍵何在，以致過了那麼多年，還是依然故我。真的需要聖靈好好教導和管教。

　　這樣看來，

人的旨意和上帝的旨意不能並存

　　就像主耶穌說的：

一個人不能事奉兩個主

不是惡這個、愛那個

就是重這個、輕那個

這裏的「兩個主」，有許多講法。現在用在這裏的討論，就正是「自己的旨意」和「上帝的旨意」。

要完全行上帝的旨意，就要完全沒有自己的旨意

這就是靈裏貧窮，這就是虛心

感謝上帝的教導。

（5）　我們日用的飲食，　今日賜給我們

在『**如何用主禱文禱告**』書中，提出：

上帝給我們的最佳和最需的日用飲食就是聖靈

要聖靈進入心中，這心中就只能有聖靈，沒有任何其它雜質。其它一切都是出自肉體、出自血氣。聖經清楚教導：這些都是和聖靈為敵的，也就是不能共存的。因此，要

心中充滿聖靈

只有一個方法：

靈裏貧窮：　虛心

（6）　免我們的債，　如同我們免了人的債

也許會奇怪：「免別人的債」和虛心有甚麼關係？

想一想：為什麼我不肯免人的債？一定有我的各種理由：

- 這人多對不起我
- 這人多欺負我
- 這人多惡劣
- 這人多…

當這些念頭佔據我心時，當然不能原諒人。

「虛心」就是把這一切念頭全都除去

如何除去？最好的方法是

上帝讓我看到

我也如何、甚至更多倍的對不起祂

但是我不會這麼想，除非先在虛心上對付自己。等到再繼續思想八福，到了

憐恤人的人有福了，因為他們必蒙憐恤

時，才可能恍然大悟。感謝上帝，在這個人與人相處、最難做到的事上，給了這麼一個寶貴的提醒和教導。

（7） 不叫我們遇見試探

雅各書（1: 14、15）教導我們：

試探來自我們的私慾

- 人被試探，乃是被自己的私慾牽引誘惑的
- 私慾既懷了胎，就生出罪來
- 罪既長成，就生出死來

多可怕！

私慾 => 試探 => 罪 => 死

為什麼人都活在與上帝的隔絕中，那是永恆的死？因為一切都來自自己的私慾：

死 <= 罪 <= 試探 <= 私慾

這些私慾又都存在於我們的靈魂中。

對付私慾最好的方法就是沒有私慾

要

沒有私慾

又只有

靈裏貧窮：虛心

（8） 救我們脫離兇惡

虛心和脫離兇惡有甚麼關係？「脫離兇惡」是脫離「惡者」，就是魔鬼。試著**反面**思考：

- 當我不虛心時，心裏充滿各種自己的理想、野心，都是使我與上帝隔離的事。只要我和上帝隔離，魔鬼就不需要擊打我。因此，雖然看似活得好好的，沒有從魔鬼來的兇惡，卻活在最大的兇惡：**死**中！

從**正面**思考：

- 我若**虛心**、心中充滿聖靈時，魔鬼必然設法擊打。從表面看，無法脫離兇惡，卻是脫離兇惡最好的方法。因為那是主耶穌自己戰勝魔鬼的方法！

在後者的意義上，**虛心**是唯一和最好脫離兇惡的方法。

（9）　因為國度、權柄、榮耀，全是你的，直到永遠

人在世上最容易追求自己的國度、自己的權柄、和自己的榮耀。仔細想想，這些意念都存在於人的靈魂中。要有這些想法的人，把國度、權柄、和榮耀完全歸給上帝，是不可能的事。

這裏又是**靈裏貧窮**與否的問題。別人如何想這個問題，不知道。對筆者而言，這是再清楚不過的事。我的煩惱，我的不肯歸榮耀給上帝，全是靈裏充滿得到世上榮耀的想法。要對付，就是**虛心**。

等我有一天**虛心**了，才能在「**饑渴慕義**」的福氣上往前走。求上帝憐憫。

小結

用一句話總結上面的思考：

> 虛心的人有福了，因為主禱文是他們的

阿們。

（**9月19日，2014，6:40 am** 散步後）

第四章　哀慟的人有福了，因為他們必得安慰

如前所述，從八福的次序，一一思考：

有了虛心才可能哀慟

（1）　我們在天上的父

在絕對聖潔的上帝面前，我們只看到自己的罪、污穢、和羞恥。不用上帝審判和懲罰，我們都只有遠離上帝，自動走向火湖之念。這樣的想法，有可能不是每個人都同意的。至少這是筆者的認知。

這種想法，還不是此地說的「哀慟」。因為只有立即滅亡一途，心中還沒有哀慟的念頭。

甚麼時候哀慟？

當上帝告訴我：祂願意接納我作祂的兒子

時。當我知道這是真的，而且

上帝接納我是因為祂的獨生愛子

已經為我的罪、污穢和羞恥死在十字架上

洗清我的一切罪孽和不潔淨

就在這樣的不能原諒自己、這樣恨惡自己、讓上帝的獨生子為我受死時，我才會有主耶穌說的「哀慟」。就在我這樣完全不能原諒自己的悔恨中，上帝接著就給我最需要的安慰。這就是主耶穌說的：

哀慟的人有福了，因為他們必得安慰

這個福氣裏有兩個必需的要素：

哀慟和安慰。沒有哀慟就沒有安慰

不經歷哀慟，就不懂甚麼是最寶貴的安慰

至少筆者對這一句福氣，從來沒有這樣認識過。此地能有這認識，完全是因為要從這一句主禱文思考所致。感謝上帝這樣賜下。

（2）　願人都尊你的名為聖

如何尊上帝的名為聖？**哀慟**。上面講的整個發出哀慟的過程，就是**尊上帝為聖**。這裏有極寶貴的一點：

這樣的尊上帝為聖完全出自心靈深處

不是行為，不是言語

人看不見，也不是給人看

只有上帝知道，也只需上帝知道

太寶貴了。

（3）　願你的國降臨

想像現在我在上帝的國裏（當然從得救的角度，我應該在上帝的國裏。可是我太不像基督徒了。現在上帝開了我的眼睛，叫我看見自己赤身露體），我看見甚麼？

- 一切都是美好的
- 一切都是聖潔的
- 一切都是無罪的
- 一切都是榮耀的：上帝自己，天使
- 一切與上帝同在的活人：亞伯拉罕、以撒、雅各、和所有其他聖經裏的信心人物、以及歷史上所有為基督殉道的人

回頭看下自己：渾身罪惡、污穢，心裏有甚麼感覺？自慚形穢和極度的自責。**這是哀慟**。忽然，主耶穌出現眼前，讓我看到祂手上的釘痕。告訴我：祂已經為我的罪死了，我一切的罪都被洗清。再賜給我一件白衣：祂自己的義袍。我又怎麼想？**這是安慰**。

這是世上任何人都不能經歷、不能明白、不能體會的**安慰**。因為這是

給最大的哀慟的安慰

因此

是最大的安慰

這是屬靈的安慰，因為是屬靈的哀慟

那是屬肉體的人永遠不明白的。

（4）　願你的旨意行在地上，　如同行在天上

在寫本書、從主禱文認識八福之前，從未想過「哀慟」是上帝的旨意。真是太美、太感謝上帝了。想想看，

「哀慟」當然是上帝的旨意：

因為那是引到其他福氣的必經之途

- 不哀慟，表示不認識自己多有罪
- 不哀慟，表示不為罪自責
- 不哀慟，表示沒有認罪、更遑論悔改
- 不哀慟，只表示不需救恩的心態

在生命成長的路上，上面說的都是基督徒需要不斷經歷的事。

不經歷哀慟

如何會對上帝的救恩有興趣？如何會對上帝的話有興趣？

難怪那麼少基督徒願意花時間讀聖經，想聖經和分享聖經

上帝愛我們，要我們成長。「**哀慟**」成了一個必需的旨意。感謝上帝的提醒。

（5）　我們日用的飲食，　今日賜給我們

從筆者的書中，一再提出：

基督徒最需的日用飲食就是聖靈

上面說過：「哀慟」是屬靈的層面。既是屬靈，就是聖靈的工作。

主耶穌告訴門徒，**聖靈要作的工作**之一是：

- **叫世人為罪、為義、為審判，自己責備自己**
- **為罪，是因他們不信主**
- **為義，是因主往天父那裏去，門徒就不再見主**
- **為審判，是因這世界的王受了審判**

不論非基督徒或基督徒，只要自己責備自己，就是「哀慟」的開始。這是聖靈的工作，和此地思考的事正好符合。這樣的思考，重點應該放在基督徒身上，因為那正是上帝旨意的中心。

在筆者幾本書中，提到「基督徒為義，自己責備自己」是很不容易明白的事，也提出筆者的認識。此地重錄該段認識如下：

『**為義：因為主往天父那裏去**

這裏，主耶穌說：

為義，自己責備自己

因為主往天父那裏去，我們就不再見主

許多人相當困擾，不明白這一段教導。求聖靈指示我們，認識這真理。首先，

主耶穌是上帝，是義

只有義的人能到上帝那裏去

主耶穌去上帝那裏，證明主是義的

不再見主，表示主永遠和上帝同在

猶太人把「沒有罪的人定罪和處死」是大罪，當然應該自己責備自己。因此，若把上面最後一句話用在迫害及殺害主耶穌的人身上，特別是自以為義的猶太宗教領袖和法利賽人身上時，我們明白。

但是，這句話

更證明主是義

既是義的，主就沒有罪

如何用在基督徒身上？這是筆者的一點領受：

主耶穌到世上來，就是為了救我們這些後來成為基督徒的人。現在主耶穌已經完成祂的工作，回到天父面前，我們也不再見祂。但是，祂費盡千辛萬苦，嘗盡無盡身、心、靈的痛苦，所救出來的人，現在在那裏呢？世人不再看見祂，因為只有上帝揀選、為祂作見證的人、能看見復活的主（使徒行傳11：41）。但是，

基督徒也看不見復活的主嗎？

世人是用肉體的眼睛看不見復活的主

我們也只有肉體的眼睛可用嗎？

當基督徒和世人一樣，只有肉體眼睛可用

當然看不見復活的主時，該不該自己責備自己？

感謝上帝給此寶貴和天大的認識。

太多時候，我們的靈魂眼睛瞎了

我們又回到得救前一樣，是：

瞎子，聾子，啞巴，瘸子，一身大麻瘋，死人

主耶穌的一切犧牲全部白費，我們還不該自己責備自己嗎？

本來三重責備中，認為與自己最無關的

現在成了最有關的責備

深哉！啟示的福音

感謝聖靈賜此認識。阿們。』

感謝聖靈常常為此，叫我們自己責備自己。阿們。

（6） 免我們的債， 如同我們免了人的債

哀慟是為自己的罪哀慟。既然有罪，而且知罪，就需要向上帝認罪悔改，就是需要請上帝饒恕。

要上帝饒恕，這一句主禱文就提醒我們：需要先饒恕別人。而且上帝對我們的饒恕，視我們如何饒恕別人而定。

也許我們都有一個特性：不肯輕易饒恕別人，除非我們會因此有很大的損失，就像得不到上帝的饒恕一樣。因此，哀慟成了一個認識自己的罪，認識需要得到上帝的饒恕，也因此願意饒恕別人的重要因素。

這一句主禱文對我們靈命成長的重要，已如上述。但在執行上，可能會因人而有很大差異。只有求上帝憐憫。

（7）　不叫我們遇見試探

試探出於私慾被引誘，因此帶來罪和死。（雅各書1：12-15）

私慾既是罪的根源，就是該為之哀慟的事

也許一直不為此警覺，其實已經有私慾在心中萌芽。要就尚未成長，要就還沒遇到機會，如『**如何用主禱文禱告**』書中所討論和敘述。但是一旦用主禱文禱告，聖靈可能就藉著這一句提醒，及早和及時對付。這就是主禱文的功效之一：

幫助我們認清自己的靈命狀況

只要對自己坦誠，不自欺欺人，不諱疾忌醫，這都是上帝要幫助我們之時，也是主耶穌賜下主禱文的多面用意之一。

既然知道了自己的私慾，就該為此哀慟，向上帝認罪悔改。感謝上帝及時把我們挽回，沒有繼續發展，走向滅亡。

（8）　救我們脫離兇惡

有時上一句「不遇見試探」和這一句「脫離兇惡」似乎重疊：兇惡是受試探所引致。若是如此，還是要從對付私慾著手。

但在此地思考「哀慟」時，卻可把兩者分開處理，或是各自獨立處理。「為罪哀慟」是上面一直在思想的。但是哀慟也不只限於直接的罪、才為之哀慟。另一個該為之哀慟的，和信心動搖、或失去信心有關。

也許我正在盡力對付心中的私慾，把受試探而犯罪減至最少。也許我此刻確實沒有甚麼導致犯罪的私慾，但是對上帝的信心卻正在受到影響中。不論是來自生活不順而懷疑上帝，或是聽信其它學說而動搖信仰，後果都可能是兇惡。當然聖經教導：

凡不出於信心的都是罪

（羅馬書14：23）。但在處理上、和上面說的「因私慾導致罪」的性質還是不同，處理方式也因之而異。這可能是常常被忽略的。

若是把該「為之哀慟」的範圍這樣擴大，

● 「哀慟的人有福，因為必得安慰」

在基督徒的生命成長上，應該能帶來更多的祝福。

（9） 因為國度、權柄、榮耀，全是你的，直到永遠

為什麼基督徒要這樣哀慟？因為：

● 只有哀慟的人，才能得到真正的安慰。這是在上帝國度裏的人的福氣。

● 只有上帝能叫人哀慟，給人安慰。這是上帝的權柄。

● 只有哀慟的人，才會感謝上帝，歸榮耀給上帝。這是**榮耀全是上帝的**意義。

感謝上帝，藉著這樣從主禱文思考哀慟的意義和作用，賜下上面的認識。如果還是不明白為什麼要哀慟，那可能只有一個原因：

我們太不認識自己了

既不知該為許多把我們引向滅亡的事哀慟，更不知

上帝有極大的福氣要賜下

求上帝憐憫。

第五章　溫柔的人有福了，因為他們必承受地土

筆者長期對這一福氣不明白。主要在兩個觀點：

● 地土

● 溫柔

感謝上帝，在最近一次禱告中恍然大悟。記錄該次禱告相關心得如下：

『**(1/22/2015, 4:15 am)**

謝謝天父，再賜極寶貴認識。

1. 「基業」就是上帝自己，就是聖靈。得到聖靈，就得著上帝。就有上帝的性情，就與上帝有分。感謝上帝。所以「得基業的憑據是聖靈」。太感謝上帝了。

2. 地土：這就是上面的「基業」，就是聖靈。溫柔的人得著。「溫柔」是不抵擋，不頑梗，不拒絕，全然接受。那就是「不體貼肉體，只體貼聖靈」。因為「體貼肉體」就是與上帝為仇；就是最大的拒絕和抵擋，就是最不溫柔。感謝上帝，八福中最不明白、最講不出所以然的一福，成了最清楚、最自然、最明白、最喜樂的一福。

3. 有了聖靈，自然就饑渴慕義，因為聖靈帶我們想起、明白、和進入一切真理。太感謝上帝了。』

以上面的認識為基礎，分別從「地土」與「溫柔」兩個主題，從主禱文的角度認識這第三福。

（1）我們在天上的父

a. 地土：

天父上帝，愛所有祂收納的兒子。並進一步要把最好的基業和地土給這些兒子。甚麼是天父能給兒子最好的？**聖靈**。這有聖經的根據：

何況天父豈不將聖靈給求祂的人麼

（路加福音11：13）。

天父把最好的給祂的兒子。從上帝的角度，是極自然的事。但是這些被白白收納的兒子，卻可能有不同的感受和看法。這些看法和底下要思考的溫柔與否有直接關聯。

首先，父親要讓兒子完全像自己是天經地義的事。像自己，就是在一切的性情上、思想上、乃至行為上，完全符合父親的心意。天父藉著賜下聖靈，做到這樣目標，達到這樣心意。

從另一方面看，兒子該像父親也是天經地義的事。

得到聖靈也是唯一能夠完全像天父的方法

底下思考如何得到聖靈。

b. 溫柔：

兒子要用甚麼樣的態度，承受天父賜的聖靈？**溫柔**。如上面禱告所得，就是沒有一點抵擋之意、之心、之行。

這樣說可能容易。但是有多少基督徒，包括筆者，完全作到？甚或願意和肯這樣作？這樣問，不是多此一舉，而是闡述一個簡單、但殘酷的事實：有多少基督徒

像上帝，像主耶穌，順從聖靈

？至少在用這一句主禱文思考時，要

用盡各種努力得到上帝所賜的聖靈

因為我們是上帝的兒子，我們該盡力像天父上帝

「溫柔」就是得到這福氣的方法

（2） 願人都尊你的名為聖

a. 地土：

至少可以從兩個角度思考：
- 上帝只賜基業給尊上帝為聖的人
- 上帝賜基業給人，為要叫這人尊上帝為聖

兩樣思考都給基督徒反省的機會：

● 為什麼我沒有上帝賜的基業？是否因為不尊上帝為聖？
● 上帝賜給了我聖靈，為什麼我繼續不尊上帝為聖？

b. 溫柔：

用溫柔的心承受和得著上帝所賜的基業

就是尊上帝為聖的表現

反過來，

不願用溫柔的心承受，就是不尊上帝為聖的證明

至少對筆者而言，在用主禱文思考聖經真理時，從來沒有想到

用溫柔的心承受上帝所賜基業是尊上帝為聖的表現

感謝上帝。若非寫這本書，和上面所記的禱告，真是不知何時能有此認識。

（3）願你的國降臨

a. 地土：

上帝所賜的基業和地土，都是在上帝的國裏。因此，

「願你的國降臨」就含有「上帝所賜基業的降臨」之意

反過來，

如果我不在上帝的國裏，我就和上帝所賜的基業無涉

因此，這一句主禱文具有多方面的提醒。也許可以以下列兩項為代表：

● 認清我的靈命狀況
● 上帝在地上的掌權

「靈命狀況」可以包括所有和靈命有關的方面。「上帝掌權」也可以包括所有上帝的作為。

這句一向不被筆者注意的福氣，竟然有這麼大的作用，真是沒有想到的事。只有再次謝謝上帝的恩典。

b. 溫柔：

現在又注意到一件事：

我在上帝的國裏與否

和我對聖靈的態度有直接關聯

這關聯就是「我對聖靈是否溫柔」

一下子，和聖靈有關的經文一一呈現眼前：

- 體貼聖靈
- 不體貼肉體
- 不叫聖靈擔憂
- 不消滅聖靈的感動

再次感謝上帝賜這些認識，在靈命成長的路上又學了一課。

（4） 願你的旨意行在地上， 如同行在天上

a. 地土：

從這句主禱文思考，

上帝要給兒子們基業和地土是上帝的旨意

除非不用這句主禱文禱告。如果用，就要讓上帝的旨意成就。這樣的思維，帶來幾個需要提醒自己的事：

- 「得到上帝賜基業」是上帝的旨意
- 如果我們沒興趣，上帝的旨意就被我們攔阻
- 我們當如何行，讓這個旨意成就？

第三樣在下一段思考。第一個問題則是最需要面對和認識的。

上帝要把最好的基業賜給祂所收納的兒子

這是祂的旨意

　　我們有此認識嗎？我們看重這基業嗎？這其實是一個**對靈命狀況極有效的檢驗法**。如果重視這基業，就會為上帝賜基業感謝上帝，也會盡力得到這基業。如果不重視，就會和保羅說的相反：

● 視上帝的基業為糞土；而以得著世界為至寶

　　教會裏常見的「對靈命重視及追求」的兩極化現象，也許就是一個說明。

b. 溫柔：

　　怎麼讓上帝的這個旨意成就？答案是這一個福氣教導的：**溫柔**。「對上帝溫柔」可能是很少想到的事。總覺得溫柔是對人，不是對上帝。至少學到一件事：

> 對上帝溫柔
>
> 可能是做到「上帝旨意行在我身上
>
> 如同行在天上」的最重要因素

　　感謝上帝賜此認識。

（5） 我們日用的飲食， 今日賜給我們

a. 地土：

　　在許多筆者其它書中，指出：

> 上帝賜給兒女們最好的日用飲食就是聖靈

　　這和此地對第三福的認識正好相符。

● 最好日用飲食是聖靈
● 上帝賜聖靈為基業

　　這說明甚麼？

> 上帝賜兒女們基業
>
> 因為那是他們最需要的日用飲食
>
> 是一切生活能力的來源

　　這能力至少包括

- 仁愛
- 喜樂
- 和平
- 忍耐
- 恩慈
- 良善
- 信實
- 溫柔
- 節制

這樣聯想，似乎開始明白一件事：

- **上帝在聖徒中得的基業有何等豐盛的榮耀**

（以弗所書1：18）。

也許有人立即問：

在說上帝賜基業，怎麼變成上帝得的基業？

上帝賜的基業在聖徒身上顯出的果效

就是上帝在聖徒身上得的基業

因為

沒有一個聖徒能自己給上帝任何基業

b. 溫柔：

基督徒要以溫柔的心態承受上帝所賜聖靈。可以從兩個層次思考：

- **承受聖靈**
- **順從聖靈**

（1）承受聖靈

在承受方面，就像從上帝得所有福氣一樣，若不存溫柔的心，心中有任何抵抗的想法，如上面幾項所提及，在承受聖靈上就會

受阻。這是明顯易知的事，此地不多作敘述。重要和容易疏忽的是：

得到聖靈後我們對聖靈的態度

如以下所思考的。

（2）順從聖靈

承受了聖靈後，該作甚麼？以甚麼心態順從聖靈？是這裏思考的事。

聖經有幾處教導基督徒對聖靈要注意的事：
- 不消滅聖靈的感動
- 不讓聖靈擔憂
- 體貼聖靈，不體貼肉體

至少對筆者而言，以前常常思考上面幾樣和聖靈有關的事。但從未從溫柔的角度思考。

（a）不消滅聖靈的感動

甚麼是聖靈的感動？就筆者所知，有下列例子：
- 責備
- 警告
- 教導
- 啟示

基督徒為什麼會消滅聖靈的感動？也許最容易消滅的是責備和警告。因為人性是不喜歡聽這樣的話，即所謂的忠言逆耳。因此需要常常提醒和警惕：我們對聖靈的態度，是剛硬？還是柔和？

對聖靈的教導和啟示持消滅的態度，可能很少有。也無須討論。

（b）不讓聖靈擔憂

聖靈擔憂甚麼？

- 偏行己路
- 貪愛世界

這些無須解釋。只求聖靈常常作責備和管教的工作。

（c）體貼聖靈，不體貼肉體

和上面兩項思考相比，「體貼聖靈」就明顯的是極為正面和積極的。

體貼聖靈，除了幫助不體貼肉體、少體貼肉體，更是進一層喜愛聖靈、渴慕聖靈、和願意追求聖靈、及照著聖靈的帶領、過聖潔的生活。

（6）　免我們的債，　如同我們免了人的債

a. 地土：

這句主禱文立即指出一個寶貴的真理：

上帝賜給兒女們基業

除了兒女自己的靈命需要

更要兒女們能和睦相處及彼此相愛

要達到這些目標，第一個要作的就是**免彼此的債**。多寶貴的提醒。感謝上帝。

b. 溫柔：

溫柔才能原諒人

不肯原諒人就是因為不溫柔

當上帝的兒女能夠彼此相愛因為肯彼此免債

這就是上帝在兒女們身上得榮耀

這就是上帝賜給兒女們基業後

在兒女們身上所得的基業有何等豐盛榮耀

的一個例子。

感謝上帝。那麼不明白的聖經教導，終於有了清楚的認識。

（7） 不叫我們遇見試探

a. 地土：

人受試探，是被自己的私慾牽引誘惑的。人有甚麼私慾，得到自己想得到的東西？越想得到的東西，就生出越大的私慾。也就是說：最大的私慾是為了自己最想得到的東西。

如果在這些最想得到的事物之外，得到了一個更寶貴的東西，還會對原來想要的事物有興趣、有私慾嗎？當然要看得到更寶貴的事物以後，其它的事物還有沒有吸引力。因為這一切都有相對的影響。也許可以說：如果得到了一樣寶貴事物，相形之下，所有其它事物都顯得毫無價值，就可能不再有私慾了。

如果真是這樣，上面禱告所得到的認識：

● **「基業」就是上帝自己，就是聖靈。得到聖靈，就得著上帝**。就有上帝的性情，就與上帝有分。感謝上帝。所以「得基業的憑據是聖靈」。太感謝上帝了。

就是這樣的最寶貴事物，無限地超越世上一切吸引人的試探。謝謝上帝，再次藉著這句主禱文，提醒和教導對這一福氣的認識和珍惜。

b. 溫柔：

承上所述：

要避免受到愛世界所引起的試探

只有求上帝賜下最好的事物：上帝所賜的基業

要得到這個基業只有用對上帝溫柔的心才有可能

把這兩樣思考放在一起，就是

這一句主禱文

如何能幫助我們不受試探的最好和唯一方法

感謝上帝。

（8） 救我們脫離兇惡

a. 地土：

> 脫離魔鬼兇惡的唯一方法是躲在基督的磐石穴中
>
> 這磐石就是上帝賜的基業，有這基業就能脫離兇惡

b. 溫柔：

再一次，

> 得到上帝所賜基業的唯一方法是對上帝溫柔

（9） 因為國度、權柄、榮耀，全是你的，直到永遠

a. 地土：

為什麼上面所說的，都因為**上帝所賜的基業**而能成就和實現？
因為

> 國度是上帝的，權柄是上帝的，榮耀是上帝的
>
> 在上帝的國度中，這一切都屬於上帝
>
> 在上帝的權柄裏，這一切都歸上帝管
>
> 一切引起的後果，全部歸榮耀給上帝

阿們。

b. 溫柔：

> 為了這一切福氣和唯一途徑
>
> 我們不該對上帝溫柔嗎？

第六章　饑渴慕義的人有福了，因為他們必得飽足

（1）　我們在天上的父

甚麼是饑渴慕義？這裏的鑰字是**義：上帝自己**。對這個「**義**」的態度是：**饑、渴、慕**。這是在中文翻譯上，特別給人的一個寶貴思考法則：

● **又饑、又渴、又慕**

這不是在作文字遊戲，而是非常貼切地形容對義的態度。

● **義是上帝的義**
● **義是上帝自己**
● **義是上帝的話**
● **義是上帝的聖潔**
● **義是上帝的公義**

這樣聖經的相關教導是：

● 人活著，是靠上帝口裏所出的一切話
● 唯喜愛耶和華的律法，晝夜思想，這人便為有福
● 除了我以外，你不可有別的神
● 不能又事奉上帝，又事奉瑪門
● 我是聖潔的，所以你們也要聖潔
● 耶穌被交給人，是為我們的過犯。復活，是為叫我們稱義

這一切和「我們在天上的父」的關聯為何？非常簡單：

天父如何，祂的兒子也該如何

既然天父是義，祂的兒子也該是義

天父的兒子，在一切天父的美德方面都要像天父

因此，

天父的兒子應該最追求上帝的義

又饑、又渴、又慕

就成了這些人對上帝的義的態度寫照

當天父的兒子用這樣的心態追求上帝的義，上帝保證一個必然的結果：**必得飽足**。只有曾經這樣追求過上帝的義的人，才知道甚麼是真正的飽足。和這飽足相比，世上的任何飽足都完全失色。

（2）　願人都尊你的名為聖

如果說：

> 只有饑、渴、慕義的人才能尊上帝為聖

對嗎？有人反對嗎？反問一下：

- 一個對上帝的義完全不饑、不渴、不慕的人，可能尊上帝為聖嗎？

筆者相信不可能。因為他對上帝一點興趣都沒有，怎麼可能尊上帝為聖？這「沒有興趣」本身就是不尊重上帝，更不要說尊上帝為聖了。

> 對上帝的義的饑、渴、慕與否
>
> 最容易看出的是對讀聖經的態度
>
> 一個不喜歡讀聖經的人不可能尊上帝為聖
>
> 因為連上帝說了甚麼話都沒興趣

相反的，

> 一個喜歡上帝話的人才會晝夜思想上帝的話
>
> 才會認識上帝為聖，才會努力往尊上帝為聖的方向盡力

（3）　願你的國降臨

> 上帝的國裏有甚麼？
>
> 除了上帝的義，上帝的國裏還有甚麼？

也許這是每一個基督徒都該常常思想、和問自己的問題。

> 如果我對上帝的義不饑、不渴、不慕
>
> 我會對上帝的國有興趣嗎？

● **為義受逼迫的人有福了，因為天國是他們的**

和我完全無關。怪誰？

（4）　**願你的旨意行在地上，如同行在天上**

在這樣思考的意義上，甚麼是上帝的旨意？**上帝的國和義**。除非不用主禱文禱告和祈求。只要用主禱文祈求，相信聖靈一定會藉這一句禱文責備我們的信仰態度、和對上帝國與義的冷漠。

（5）　**我們日用的飲食，今日賜給我們**

我們為何向上帝求賜聖靈？

● 為得今生益處？
● 為得永生益處？
● 為了認識上帝？
● 為了靈命成長？
● 為了認識聖經？
● 為了事奉基督？

不求也就算了。一旦求聖靈，一旦敢求聖靈，盼望聖靈只作一件事：

大大的責備我們

把我們從愛世界、體貼肉體、走向滅亡的路上挽回。

（6）　**免我們的債，如同我們免了人的債**

也許最需要上帝赦免的債

正是我們對上帝的義的不饑、不渴、不慕

（7）　**不叫我們遇見試探**

主耶穌在聖經記載的三次受試探中，用來回答魔鬼的試探，都是聖經的話：

● **人活著，不是單靠食物，乃是靠上帝口裏所出的一切話**
● **不可試探主你的上帝**
● **當拜主你的上帝，單要事奉祂**

> 要能時時記住上帝的話對付試探
>
> 就需要對上帝的義的饑、渴、慕
>
> 要對付心中的私慾，要防止私慾產生和長大
>
> 也需要對上帝的義的饑、渴、慕

（8） 救我們脫離兇惡

聖經教導我們：

- 你們要順服上帝。務要抵擋魔鬼，魔鬼就必離開你們逃跑了
- 你們親近上帝，上帝就必親近你們

（雅各書 4：7、8）

順服上帝，抵擋魔鬼，和親近上帝，都是最好脫離兇惡之法。要做到這幾樣，都需要認識、得著上帝的義。對上帝的義越饑、渴、慕，越能做到。

（9） 因為國度、權柄、榮耀，全是你的，直到永遠

只有我們對上帝有正確的信仰、心態、和順從：**照著上帝的教訓而行**，才可能把我們的國度、權柄、和追求的榮耀，全部歸給上帝。這就是

> 對上帝的義饑、渴、慕的自然結果

第七章　憐恤人的人有福了，因為他們必蒙憐恤

（1）　我們在天上的父

(a) 憐恤人

憐恤是愛的直接表現

聖經教導：

- 盡心、盡性、盡力愛上帝
- 愛人如己
- 不愛看得見的弟兄，就不能愛看不見的上帝

以及

- 凡愛生他的上帝的，也必愛從上帝生的

（約翰一書5：1）。我們都是上帝的兒女。主耶穌給所有上帝兒女的一個新命令，就是

彼此相愛

而且是

主耶穌怎樣愛我們，我們也要怎樣彼此相愛

（約翰福音13：34）。因此，沒有任何推托的理由。只有盡力遵守主耶穌的命令。因為

遵守主的命令就是愛主

（約翰福音14:15，21，23）。這些都是天父上帝，藉著聖子基督，對所有上帝所收納的兒女的教導。記住：

只要我們還想作上帝的兒女，就一定要遵守這些命令

(b) 蒙憐恤

如果願意像上面所說的：愛上帝的眾兒女

一定能蒙上帝的憐恤

因為那是

天父上帝最喜歡、滿意的事

（2） 願人都尊你的名為聖

(a) 憐恤人

如上面所述：

憐恤上帝的眾兒女是上帝對兒女的最大心意

因此，

遵守這心意的就是尊上帝為聖

不遵守這心意的就是不尊上帝為聖

(b) 蒙憐恤

如果遵守上帝命令憐恤人，那是尊上帝的名為聖

這樣的人必然蒙上帝的憐恤，罪得赦免

在上帝的恩典上更蒙福氣

（3） 願你的國降臨

(a) 憐恤人

憐恤人的人在上帝的國裏

不憐恤人的人不在上帝的國裏

每當我們不肯原諒人，不肯為人著想時

就不在上帝的國裏！

可怕嗎？謝謝上帝的提醒。

(b) 蒙憐恤

當我犯罪，或軟弱跌倒時，求上帝憐恤。這時，就要想起其他正在上帝的國中、有同樣軟弱的人。

如果我憐恤他們我就必蒙憐恤

如果不肯憐恤他們就不要想蒙憐恤

因為他們在上帝的國裏

我卻正把自己關在上帝的國之外

（4）　願你的旨意行在地上，　如同行在天上

(a) 憐恤人

延上所討論：**憐恤人是上帝的旨意**。有甚麼可以為「自己不肯憐恤人」辯護的嗎？

(b) 蒙憐恤

上帝要我們

憐恤別人然後才能蒙上帝憐恤

這是上帝的旨意。除非不用這句主禱文禱告，不想這句主禱文，也不肯遵守這句主禱文。不然，除了盡力憐恤人，還有其他方法蒙上帝的憐恤嗎？

（5）　我們日用的飲食，今日賜給我們

(a) 憐恤人

得到聖靈，為了有從聖靈來的幫助。聖靈的第一面果子是仁愛。愛的第一個結果是同情、憐憫、和饒恕。

感謝上帝。我們沒有意願、不肯饒恕人，因為沒有憐恤之心。上帝賜聖靈，就是要幫助我們愛人。愛人的第一步就是憐恤。

有了彼此相愛的心

眾人就認出我們是主耶穌的門徒

這就是聖靈要作的工作：

榮耀主耶穌

(b) 蒙憐恤

因為我們肯憐恤人，上帝也因此憐恤我們

想到過嗎？

得聖靈是為了得上帝的憐恤

感謝上帝的精心安排和美意。

（6） 免我們的債， 如同我們免了人的債

(a) 憐恤人

我們自己正是如此：

> 有困難、有軟弱、有不得已的時候
>
> 而犯罪、而離開上帝、而得罪上帝
>
> 每當良心發現或被聖靈責備而悔改時
>
> 求上帝赦免我們對不起上帝、欠的債

現在，延續上面得聖靈的結果：

> 聖靈幫助我們暸解別人有同樣的困難、軟弱和不得已
>
> 因此我們可能和願意將心比心，免人的債

(b) 蒙憐恤

延上：

> 如果我們願意饒恕人，免人欠我們的債
>
> 我們也會在向上帝認罪悔改時，得到上帝的赦免

（7） 不叫我們遇見試探

(a) 憐恤人

> 「憐恤」和「試探」有甚麼關聯？

這是認識「這一句主禱文和此一福氣的關聯」的重要因素。

從反面思考。當我不憐恤人時，是甚麼原因？有甚麼後果？

- 原因：心中對人有芥蒂；有嫉妒；有憎恨，甚至深仇大恨
- 後果：幸災樂禍；見死不救

問： 這些引起私慾嗎？**分析：** 因為私慾是試探的根源。

這問題和分析留給讀者思考。

(b) 蒙憐恤

上帝使我們蒙憐恤的方法是：

不叫我們遇見試探

試探來源就是上面說的「不肯憐恤人」

（8）　救我們脫離兇惡

(a)　憐恤人

和上面思考有相似之處：

- 為什麼「憐恤人」可以脫離兇惡？
- 相反的，為什麼「不憐恤人」使人陷入兇惡？

這裏是筆者的聯想：

- 不憐恤人，是因為沒有愛
- 愛的反面是恨
- 恨人就是殺人
- 魔鬼從起初就殺人
- 殺人的，都在魔鬼的權下
- 那就是兇惡！

感謝上帝賜此寶貴關聯和認識。

這樣思考，帶來一個意外的收穫，可能幫助認識上一句主禱文和憐恤的關聯。重讀有關經文（約翰福音8：44）：

主耶穌對猶太人說：

- 你們是出於你們的父魔鬼
- 你們父的私慾，你們偏要行
- 牠從起初是殺人的，不守真理
- 因牠心裏沒有真理
- 牠說謊是出於自己
- 因牠本來是說謊的
- 也是說謊之人的父

這裏提到「魔鬼的私慾」。

● 這私慾是甚麼？聖經沒有解釋。

● 這私慾若成為人的私慾，會有甚麼後果？

● 也會引起試探嗎？

筆者魯鈍，從來沒聽人說過這方面的事。求聖靈指示。

(b) 蒙憐恤

如果明白上面的問題，必然明白為什麼

憐恤人，使我們脫離兇惡

（9）因為國度、權柄、榮耀，全是你的，直到永遠

(a) 憐恤人

在上帝的國度裏

在上帝的權柄下

在上帝的榮耀中

人才能憐恤人。

(b) 蒙憐恤

也只有當人活在

上帝的國度裏

上帝的權柄下

上帝的榮耀中

才能蒙上帝憐恤。阿們。

第八章　清心的人有福了，因為他們必得見上帝

（1）　我們在天上的父

上帝的兒子見父上帝的面，是天經地義的事。問題是：

● 見得到上帝嗎？

上帝對摩西說：

● **人不能見我的面**
● **見我的面一定死**

上帝沒有解釋為什麼。

在「啟示錄」第一章，主耶穌所愛的門徒約翰，在看到基督的榮耀時，立即仆在地上，像死了一樣。為什麼？因為

在上帝的榮耀前，在上帝的聖潔前，在上帝的公義前

沒有一個人能站立

但是這一福氣卻教導我們：

清心的人有福，因為必得見上帝

從上面的有限認識，這是何等榮幸的福氣。也是每一個上帝的兒女最寶貴的福氣。

（2）願人都尊你的名為聖

● 甚麼是尊上帝為聖？
● 如何達到這樣的尊上帝為聖？

也許有不同的方法。至少其中一個方法和要素是**清心**。感謝上帝。若非這樣思考和主禱文的聯接，可能永遠想不到這個要素。因此，又多了一樣要清心的理由。感謝上帝。

（3）　願你的國降臨

如果說：在上帝國裏的都是清心的人。或者說：只有清心的人，才能在上帝國裏。這樣說，符合聖經教導嗎？筆者認為符合。這不是又多了一個「一定要清心」的理由嗎？

和在其它書中、對這句主禱文的思考比較，又多了一層認識。在其它書中，這一句主禱文常和八福的第一與第八福聯接：

● 虛心的人有福了，因為天國是他們的
● 為義受逼迫的人有福了，因為天國是他們的

現在增加思考這兩樣福氣和清心的關聯。至少有下列關聯：

● **虛心才能清心**
● **清心才能為義受逼迫**

在八福的順序上，這樣思考是完全正確和必要的。這在其它書中曾提到。但可能還有目前沒有想到的關聯，求聖靈賜下認識。

（4） 願你的旨意行在地上， 如同行在天上

上帝有許多對祂兒女的旨意。有的在聖經中有明確教導。有的要特別注意和尋找。有更多的要在上帝面前晝夜思想聖經，才能得著。

從這句主禱文出發，

「清心」是上帝的旨意
「見上帝」是上帝旨意
清心才能見上帝

基本問題是： **如何清心？** 感謝上帝，答案就在下一句主禱文。

（5） 我們日用的飲食， 今日賜給我們

對追求清心的人
他所需的日用飲食就是得到清心的能力

那就是

上帝要賜的聖靈

想想看：

一個屬血氣的罪人
如何可能見到屬靈的絕對聖潔上帝？
除了上帝的靈，沒有人知道上帝的事

除了上帝自己

沒有人能把罪人帶到上帝面前而仍能存活

感謝上帝：

主耶穌賜下八福，上帝賜下聖靈

靠著聖子與聖靈

我們這些萬惡不赦的罪人才能見上帝

太寶貴，太感謝聖父、聖子、聖靈了。

（6）　免我們的債，　如同我們免了人的債

聖靈幫助我們清心，能見上帝

第一個責任就是免別人的債

感謝上帝，不是只求自己蒙福，也要注意別人的需要。

（7）　不叫我們遇見試探

試探來自私慾

只有清心的人才沒有私慾

感謝上帝賜此認識。

（8）　救我們脫離兇惡

既然清心，沒有私慾，不受試探

魔鬼就沒有可乘之機

又能見上帝，這樣的人必然脫離兇惡

（9）　因為國度、權柄、榮耀，全是你的，直到永遠

對一個清心的人，在明白了上面所說清心的重要性、來龍去脈、以及聖靈如何幫助達到清心後，必然歸一切國度、權柄、和榮耀給上帝。因為那正是上帝讓我們見祂面的用意。

　　另一方面，一個罪人所以能排除體貼肉體的萬難，和魔鬼的一切迫害、破壞、逼迫、引誘，而能成為清心、能見上帝的人，也是因為

國度、權柄、榮耀全是上帝的。直到永遠

之故。感謝上帝的一切恩典。阿們。

第九章　使人和睦的人有福了，因為他們必稱為上帝的兒子

（1）　我們在天上的父

這一句主禱文的起首語，就是筆者二十多年前，第一次試著用主禱文禱告時，聖靈使筆者想起這一福而得到問題答案。因此開始了用主禱文禱告之旅。在本書第一章簡短提及，詳情請見『**如何用主禱文禱告**』一書。

「我們在天上的父」提醒我們是天父兒子的身份

既是天父的兒子

第一個和唯一該想到的就是天父的獨生子基督

基督來世上最大的任務是帶來和睦

這「**和睦**」包括：

- 使人和上帝和睦
- 使人與人和睦
- 使人與自己和睦
- 使弟兄和睦同居，成為上帝可以藉著聖靈居住的殿

這是上帝的心意，是上帝獨生子要完成的任務。這任務藉著上帝獨生子成為人，為人死在十字架上而完成。

當我們思想上帝獨生子的工作時，第一個想到的是：

還有多少聖子沒有完成而留給門徒去完成的事

上面說的和睦例子，今天仍然是世間最需要的。誰去完成？

上帝的獨生子已經完成了救贖大工。剩下的推廣工作，都是上帝其他兒子要作的。其中最大的是「**大使命**」：

傳福音給全世界的人

把上面的和睦帶給所有的人

（2）　願人都尊你的名為聖

　　　　罪人只有在與上帝和睦後才可能尊上帝為聖

反過來，一樣正確：

　　　　只有尊上帝為聖的人才不活在罪中

　　感謝上帝賜下這樣的認識。對檢驗我們的信心、信仰、和對上帝的態度，實在是一個非常寶貴的提醒。

　　仔細想想：

　　一個不能與人和睦的人，如何證明他在尊上帝為聖？

　　　　一個不關心他人之間有否和睦的人

　　　　　　如何證明他在尊上帝為聖？

　要尊上帝為聖，首先要

　　　　　　自己與上帝和睦

　　　　　這是盡心愛上帝的第一步

　另外，

　　　　為人間帶來和睦是愛人如己的第一步

　　　　這兩樣最大誡命就是尊上帝的名為聖

　　　　和睦就是這兩大誡命的實現

（3）　願你的國降臨

　　　　　上帝國度的一個特色就是和睦

　　　要在上帝的國裏，我們自己需要先與上帝和睦

　　　要帶人進上帝的國，需要先幫助他們與上帝和睦

　　要使因意見不和失去和睦的夫妻活在上帝的國裏

　　　　　需要使他們之間有和睦

　最後，

　　　　我們自己想繼續在上帝的國裏

　　　　需要與其他上帝的兒女有和睦

這樣的思考，是一個非常重要的提醒，有時是警告。因為我們可能太隨便了，**忽視與人的和睦，乃至最後失去與上帝的和睦。**

（4）　願你的旨意行在地上，　如同行在天上

和睦是上帝的最大旨意之一

試想上帝的眾兒女不能和睦相處，是何等讓上帝傷心的事。聖經教導：

- 弟兄和睦同居，是何等的善，何等的美
- 主耶穌說：你們若有彼此相愛的心，眾人因此就認出你們是我的門徒了

求聖靈帶領我們，在這滿足上帝的心意上，盡力與弟兄姐妹和睦。阿們。

（5）　我們日用的飲食，　今日賜給我們

聖靈要作的一個主要工作就是和睦

和前面的對其它福氣的思考一樣，要做到和睦，不是一說就能做到。需要克服許多我們體貼肉體、以及肉體的軟弱，包括不肯憐恤、不肯原諒人。

這樣的困難，根本問題在**沒有愛。聖靈的第一面果子就是愛。**因此，**聖靈正是我們日用的飲食：愛的源頭。**感謝上帝這樣賜福。

（6）　免我們的債，　如同我們免了人的債

只有免人的債才有和睦

真正的免債才有完全的和睦

如上所說，不肯饒恕人，根本原因是沒有愛。只有體貼聖靈，才能讓聖靈的愛幫助我們免人的債。

（7）　不叫我們遇見試探

想過：

「不肯與人和睦」是試探嗎？

　　如前面對憐恤的思考：不肯與人和睦，表示心中有各種不滿、氣憤、苦毒、乃至憤恨。這些都是私慾的源頭，因此也為試探伏下定時炸彈。

（8）　救我們脫離兇惡

　　　　沒有和睦的後果就是兇惡，就是毀滅

　　　個人如此，國家如此，世界如此，教會也如此

（9）　因為國度、權柄、榮耀，全是你的，直到永遠

　　　只有與人和睦以及使人和睦的人才能說：

　　　　國度、權柄、榮耀全是上帝的

阿們。

第十章　為義受逼迫的人有福了，因為天國是他們的

當基督徒為世間帶來和睦，就是魔鬼要逼迫之時。因為威脅了魔鬼的國度：

把人從黑暗中帶到光明

從魔鬼權下帶進上帝國度

這正是上帝獨生子基督耶穌在世上時的工作，也是魔鬼聯合所有敵對上帝的世上勢力，逼迫基督至死的原因和方式。

現在從主禱文的角度看「為義受逼迫」。

（1）　我們在天上的父

上帝的獨生子為義受逼迫

這義就是上帝，就是基督自己

上帝的獨生子為義受逼迫，

上帝其他的兒子也一樣要為義：基督受逼迫

可以這樣說：

只要是基督徒，一定受逼迫

因為保羅這樣教導：

凡立志在基督耶穌裏敬虔度日的都要受逼迫

（提摩太後書3：12）。反過來看：

凡是不受逼迫的人，可能不是真正的基督徒

這樣講，真是犯大忌。今天誰敢在教會裏講這句話？

（2）　願人都尊你的名為聖

不肯為義受逼迫的人，可能尊上帝為聖嗎？

反過來，

尊上帝為聖的人，可能不因此受逼迫嗎？

「尊上帝為聖」不是基督徒掛在口上的一句話

是用「生活」表現出來的「生命」

- 我們敢在公共場合表示信仰嗎？
- 敢在人前作謝飯禱告，不怕恥笑嗎？
- 敢在公司老板面前，告知：因我們的信仰，不能做他要我們做的任何不尊上帝為聖的事嗎？

上面這樣做的後果，可能就是逼迫，就是嘲笑、甚至被告，或是失去工作。敢嗎？

- 林書豪敢
- Tebow 敢
- 你我呢？

（3）　願你的國降臨

每次聽到這句主禱文，似乎都是要求上帝把祂的國度帶到世上，帶到人間。其實我們都在上帝的國裏。自從接受主耶穌作救主的那一刻，就開始活在上帝的國中。為什麼還要這樣求？至少有兩層意義：

一個是求上帝的國降臨，讓更多的人認識並接受基督

一個是提醒自己：是否還活在上帝的國裏？

前一個直接和傳福音有關。提醒我們基督所託付的大使命，積極傳福音。後一個是警告我們，不要繼續活在世上的國度裏。趕快離開，進入上帝的國。那一個是你我目前的光景和需要？

（4）　願你的旨意行在地上，　如同行在天上

知道上帝在我們身上的旨意為何嗎？

為義受逼迫，像祂的獨生子一樣

主耶穌不是說：

他們逼迫了我，也要逼迫你們

學生不能高過老師，僕人不能大於主人

不背起他的十字架跟從我的，不配作我的門徒

嗎？在最後晚餐中，主耶穌向天父的禱告是：

你在世上所託付我的事，我已成全了

在十字架上的最後一句話，是：**成了。**

這「成全」和「成了」都是逼迫的結果

這就是

上帝對祂所有兒子的旨意

我們離開世界前，也能向主耶穌說這兩句話：「成全」和「成了」嗎？

（5）　我們日用的飲食，　今日賜給我們

從上帝得聖靈是為甚麼？

聖靈來是為什麼？

甚麼是體貼聖靈，不體貼肉體？

甚麼是聖靈的果子和恩賜？

那一樣是為自己？為世上的好處？

聖靈能幫助我們戰勝逼迫嗎？

使徒行傳中，門徒被猶太人的宗教領袖打了一頓，為此感謝上帝。為什麼？

因配為基督的名受辱

這是你我的心志嗎？讓我們向上帝求日用飲食：聖靈時，記得一項：

幫助我們為義受逼迫

阿們。

（6）　免我們的債，　如同我們免了人的債

有沒想過：

我們欠上帝的「債」裏包括「不肯為義受逼迫」

感謝上帝這樣教導，把它當成欠上帝的債。其實從上面的思考，這是很自然的結果：**為義受逼迫**

- 是上帝的旨意
- 是上帝國度的記號
- 是尊上帝為聖的人的生命
- 是所有上帝兒子都該效法上帝獨生子的事

想想我們這一生，欠了上帝多少這樣的債？

（7） 不叫我們遇見試探

「不肯為義受逼迫」本身就是一個試探

為什麼不肯，因為

- 太苦了
- 不值得
- 為什麼偏偏是我
- 世上有好多享受還沒經歷
- 帶我信基督的人，從來沒跟我提過要受逼迫。只說信了以後，一切平安順利。我上當了

前面說過：試探來自私慾。這些就是私慾。從沒這樣聯過。真是感謝上帝。

（8） 救我們脫離兇惡

不肯為義受逼迫，本身就是兇惡

相信嗎？

不肯為義受逼迫：

第一，不配作基督的門徒。這不是極大的兇惡，是甚麼？

第二，只有屬於魔鬼、和魔鬼所愛的人，才不受逼迫。那不是最大的兇惡嗎？

還敢求上帝：

- 「救我脫離兇惡」嗎？

（9）　因為國度、權柄、榮耀，全是你的，直到永遠

上帝可能藉著這一句主禱文，告訴我們：

只有為義受逼迫的人才能說：

國度、權柄、榮耀全是你的，直到永遠

先想清楚，再說「**阿們**」。

結論

在本書中，介紹兩個從「主禱文」認識聖經的方法：

- 一個是透過用主禱文禱告，讓聖靈直接教導。
- 另一個是以主禱文為指引，思考聖經，而得進一步認識。

用主禱文禱告有許多幫助，在筆者所著『**如何用主禱文禱告**』書中，有詳細敘述。藉著用主禱文一句一句禱告，等候聖靈教導，特別是「**使人想起其它經文**」，因此認識這些經文的意義。不但給了本來因遇到問題才禱告的問題答案，更且教導對相關經文深入的認識。

用主禱文禱告，並非一定要遇到問題才禱告。許多時候，不是為問題禱告，也沒有遇到問題。而是求上帝教導**對聖經的認識**。禱告已經不限於生活遇到問題與否；更進一步、要**認識聖經和認識上帝自己**，如保羅說的「**使你們真知道祂**」。這樣得到的福氣，真是寫不完，其中部分記載在書末所錄書中。

這樣禱告得到教導，使人經歷許多聖經教導的極寶貴**聖靈工作**：

- 叫我們想起主對我們所說的一切話。
- 引導我們明白一切的真理。
- 我們本不曉得當怎樣禱告，聖靈親自用說不出來的嘆息，替我們禱告。
- 在聖靈裏禱告。
- 求上帝把那賜人智慧和啟示的靈賞給你們，叫你們真知道祂。
- 眼睛未曾看見、耳朵未曾聽見、人心也未曾想到的福氣。

這些主耶穌的應許，不再只是聖經的字句；而是**活生生的實現在用主禱文禱告的經歷中**。實在是基督徒極大的福氣。

　　但是，這樣禱告領受教導，需要對聖經的熟悉。因此，將速讀聖經的建議也列在書中，給有心快速熟悉聖經的人作參考。

　　對還不熟悉聖經、難以如上述用主禱文禱告的人，主禱文本身也可作為指引，幫助認識聖經。這樣的認識八福，也在本書中介紹。

　　本書所介紹兩種「從主禱文認識聖經」的經歷中，「用主禱文禱告」所獲心得，是直接從聖靈教導所得，完全沒有任何預設立場。「用主禱文作指引認識聖經」，則與「演繹法查經」比較相似，以主禱文為預設立場。

　　希望本書對認識聖經有興趣的弟兄姐妹、有參考價值。按各人的選擇和合適的方式，增加對聖經的認識。這是上帝、主耶穌、和聖靈一再的教導。願這些努力都能幫助弟兄姐妹

活著不是單靠食物

乃是靠上帝口裏所出的一切話

　　阿們。

第三部　真理與自由『主禱文 X・真理與自由』

從主禱文的真理

得到主禱文的自由

主耶穌說：我就是真理

你們必曉得真理

真理必叫你們得以自由

認識自己活在何等不自由中

認識真理得到真正自由

楔子

約翰福音第八章記載一段主耶穌和猶太人的談話。裏面充滿寶貴的教導，也有讓人困惑的地方。這裏是有關經文（30-59節）。

- 耶穌說這話的時候，就有許多人信祂。

- 耶穌對信祂的猶太人說：你們若常常遵守我的道，就真是我的門徒。

- 你們必曉得真理，真理必叫你們得以自由。

- 他們回答說：我們是亞伯拉罕的後裔，從來沒有作過誰的奴僕，你怎麼說你們必得以自由呢？

- 耶穌回答說：我實實在在的告訴你們，所有犯罪的，就是罪的奴僕。

- 奴僕不能永遠住在家裏，兒子是永遠住在家裏。

- 所以天父的兒子若叫你們自由，你們就真自由了。

- 我知道你們是亞伯拉罕的子孫，你們卻想要殺我，因為你們心裏容不下我的道。

- 我所說的，是在我父那裏看見的，你們所行的，是在你們的父那裏聽見的。

- 他們說：我們的父就是亞伯拉罕。耶穌說：你們若是亞伯拉罕的兒子，就必行亞伯拉罕所行的事。

- 我將在上帝那裏所聽見的真理告訴你們，你們卻想要殺我，這不是亞伯拉罕所行的事。

- 你們是行你們父所行的事。他們說：我們不是從淫亂生的。我們只有一位父，就是上帝。

- 耶穌說：倘若上帝是你們的父，你們就必愛我。因為我本是出於上帝，也是從上帝而來。並不是由著自己來，乃是祂差我來。

- 你們為什麼不明白我的話呢？無非是因你們不能聽我的道。

- 你們是出於你們的父魔鬼。你們父的私慾，你們偏要行。他從起初是殺人的，不守真理，因他心裏沒有真理。他說謊是出於自己。因他本來是說謊的，也是說謊之人的父。

- 我將真理告訴你們，你們就因此不信我。

- 你們中間誰能指證我有罪呢？我既然將真理告訴你們，為什麼不信我呢？

- 出於上帝的，必聽上帝的話。你們不聽，因為你們不是出於上帝。

- 猶太人回答說：我們說你是撒瑪利亞人，並且是鬼附著的，這話豈不正對麼？

- 耶穌說：我不是鬼附著的。我尊敬我的父，你們倒輕慢我。

- 我不求自己的榮耀。有一位為我求榮耀、定是非的。

- 我實實在在的告訴你們，人若遵守我的道，就永遠不見死。

- 猶太人對祂說：現在我們知道你是鬼附著的。亞伯拉罕死了，眾先知也死了，你還說人若遵守我的道，就永遠不嘗死味。

- 難道你比我們的祖宗亞伯拉罕還大麼？他死了，眾先知也死了，你將自己當作什麼人呢？

- 耶穌回答說：我若榮耀自己，我的榮耀就算不得什麼。榮耀我的乃是我的父，就是你們所說是你們的上帝。

- 你們未曾認識祂，我卻認識祂。我若說不認識祂，我就是說謊的，像你們一樣。但我認識祂，也遵守祂的道。

- 你們的祖宗亞伯拉罕歡歡喜喜的仰望我的日子。既看見了，就快樂。

- 猶太人說：你還沒有五十歲，豈見過亞伯拉罕呢？

- 耶穌說：我實實在在的告訴你們，還沒有亞伯拉罕，就有了我。

- 於是他們拿石頭要打祂。耶穌卻躲藏，從殿裏出去了。

奇怪嗎？

- 這些猶太人本來信主耶穌，卻要殺主耶穌！
- 他們信什麼？
- 他們信錯了？
- 他們不是真信？
- 為什麼聽了主的話，反而要殺主耶穌？

主耶穌說：

- 我將在上帝那裏所聽見的真理告訴你們，你們卻想要殺我。

要主耶穌怎麼作？

- 講真話，要被殺。
- 不講真話嗎？
- 你們必曉得真理，真理必叫你們得以自由。
- **主耶穌是真理，只能講真理。**

推論：

- 這些猶太人不是真信主。
- 這些人就如馬太福音七章中，主對一群自以為為主做工的人所說的：「我從來不認識你們。你們這些作惡的人，離開我去吧。」

思想：

- 對蒙上帝揀選、接受主耶穌的人，有什麼教訓和警惕？

對真信主的人，主耶穌說：

你們必曉得真理

真理必叫你們得以自由

- **什麼是真自由？**
- **什麼是罪的奴僕？**
- **什麼是真理？**
- **世上有真理嗎？**
- **真理與罪的對比**

● 什麼是活在真理裏？

這些都是本書要思考的。這裏是昨晨禱告、得到寫此書的心得：

『(8/15/2013, 8:47 am)

謝謝上帝解我疑惑。用我自己的經歷，認識主的教訓。

1. 「你們必曉得真理，真理必叫你們得以自由」。真理就是主耶穌。因此，天父的兒子叫你們自由，就真自由。

2. 我一直重視、追求人間的尊重。過去求研究界的尊重，現在求教會與弟兄姐妹的尊重，卻忘了求上帝的尊重。我一直在這捆綁中，那就是不自由。

3. 只要我不活在真理中，就在魔鬼的權勢下，就不自由。

4. 只有認識真理，知道「被尊重」的真理，我才會自由。「被尊重」的真理就是「被上帝尊重」。感謝上帝，我知道（風聞），卻今天才「眼見」。從此我該經歷和得著。謝謝上帝，既釋放我，又使我知道怎麼講「真理與自由」信息。

5. 既不再求人的尊重，就不再患得患失。只求上帝的尊重，全心全力服事主耶穌。用主禱文的原則服事，服每一件事。對我言，就是教導和講道。『主禱文.服事主』又是一本書了。感謝上帝。

感謝上帝，把我造成這樣一個世上可憐、天上可憐的人。上帝又藉這樣的帶領，給我認識，給我福氣。我完全不配，但上帝卻一再賜下。謝謝，謝謝，謝謝。

謝謝主耶穌的一切教導和榜樣，又太多、太多要思想的真理。謝謝主的揀選。求主耶穌憐憫我的剛硬和愛世界。求主帶我用聖靈的愛愛祂，才能餵養主的羊。不再用肉體愛自己的愛來愛祂，只有絆倒所有的人。

　　謝謝聖靈，帶我今早禱告，賜下這麼多認識。又帶我立即寫下，而不急著打拳。求聖靈帶我更順從和體貼祂，給我生命與平安。阿們。』

　　上面這段禱告，用在寫『**主禱文.服事主**』書的「楔子」。也從這段禱告，決定寫本書『**主禱文.真理與自由**』。因為也是從這樣的禱告中，認識自己正活在何等的不自由中。

上帝藉這禱告把筆者釋放

認識真理，得到自由

　　那是極為寶貴的親身經歷和體驗，需要仔細思考、和繼續領受從上帝來的教導和福分。

張慶安　謹識

2013年8月16日

亞特蘭大　美國

簡介：真理與自由

什麼是真自由？

- 沒有捆綁：名、財、權…
- 不作罪的奴僕：不怕死
- 因為怕死，不想死，不甘心死了什麼都沒有了。因此作出各樣可以留名，集財，甚或其它損人利己的事。都是因為怕死、而成為罪的奴僕，不能自拔。
- 人的自由：假的、死的、空虛的、只有失去、沒有永存
- 上帝自由：真的、活的、充實的、喜樂的、永存的

罪的奴僕

- 為什麼作罪的奴僕？

    —怕死

    —追求罪的樂趣

    —愛世界

    —愛自己

- 有自由不作罪的奴僕嗎？

    —身不由己　不能自拔

    —我真是苦阿！

什麼是真理？

- 萬事、萬物最高、最終、最完全的道理

世上有真理嗎？

- 主耶穌說：我是真理

    —生命

    —喜樂

    —平安

真理與罪

- 對立：信主的猶太人，我呢？
- 真理裏沒有罪
- 罪裏沒有真理
- 從罪裏釋放
- 使人得以自由

活在真理裏

- 活在基督裏
- 世界的王在基督裏毫無所有
- 沒有謊言
- 沒有懼怕
- 沒有滅亡

活在真理裏

- 真自由
- 自由的真理
- 主耶穌的平安
- 主耶穌的喜樂
- 主耶穌的生命

總結

- 認識真理
- 得到真理
- 認識自由
- 得到自由

思想：

- 過去的我：自由？奴僕？
- 今日的我：自由？
- 分享：真理給我的自由

　　－越認識真理，越自由？

　　－越認識真理，越與主對立？

『（8/26/2013, 10:09 am）

真理與應用

真理的應用就是真理的自由

在人看是束縛是不自由

卻不知這正是

被上帝從魔鬼權勢下釋放的人的真自由

- 羅馬書 1 至 11 章是真理，12 至 16 章是自由
- 以弗所書 1 至 3 章是真理，4 至 6 章是自由
- 最後晚餐教訓是真理
- 登山寶訓是自由/應用

十誡第一誡是真理

- 只有上帝是我們的神

2至10誡是自由

- 不拜偶像
- 不妄稱上帝的名
- 守聖日
- 孝順父母
- 不殺人
- 不姦淫
- 不偷盜
- 不作假見證
- 不貪戀鄰舍的妻子和他一切所有

感謝上帝賜此寶貴認識。 』

主禱文的真理與自由

在本書中，思考真理與自由的關聯，特別從主禱文的角度思考。這裏要與筆者另一本書『**主禱文 V. 道路真理生命**』中的真理部分作一區別。

在『**主禱文 V. 道路真理生命**』書中，詳細思考主耶穌是真理；及從這真理，認識道路、和得到生命，到上帝那裏去。在本書中，盡力不重複該書所述。

本書思考主耶穌說的

你們必曉得真理

真理必叫你們得以自由

因此，

重點在於「真理和自由的關聯」

從主禱文的角度和層面看我們正處在什麼不自由中

並進而

分析這樣的處境是否正是由於不認識真理之故

因為

真理所涵括的範圍極廣

「主耶穌是真理」的意義包括所有不違背上帝本性的事物的

最終、最高、及最全備的道理

因此，

藉著思考和分析各樣容易陷基督徒於不自由的因素

再從認識相關真理使基督徒得到真正的自由

不再被目前所處環境捆綁，得到主耶穌保證的自由

這是本書思考的主要綱要。

第一章 「我們在天上的父」的真理與自由

問幾個問題：

- 作天父的兒子，該有什麼自由？
- 我們有嗎？如果沒有，為什麼？
- 怎麼才能得到該有的自由？
- 什麼是「天父兒子」的真理？
- 這樣的真理能給我們自由嗎？

一、作天父的兒子，該有什麼自由？

這是一個很難回答的問題。筆者只有思考上帝的獨生子有什麼自由。再從這些自由，引申到所有被上帝接納為兒女的人身上，看他們該有什麼自由。

這裏是一些上帝獨生子、主耶穌基督的自由：

- 不受任何人間約束。因為上帝是創造者；人及人間都是被造物
- 唯一屬天的約束是上帝的本性：聖潔、公義、和愛
- 有不能犯罪的自由，因為是上帝
- 有不受試探的自由，因為上帝不能被惡試探

聖經教導：

所有基督徒要滿有基督長成的身量

當基督徒完全像基督時，基督的自由就是基督徒的自由

二、我們有嗎？如果沒有，為什麼？

現在一一檢驗上面提到的上帝獨生子的自由。

（一）不受任何人間約束

我們不受任何人間約束嗎？我們受到什麼約束？那些約束？這裏是一些例子：

- 「生命有限」的約束

- 「戀棧世界」的約束
- 「體貼肉體」的約束
- 「怕死怕苦」的約束

這些都無需解釋，也許只有程度的不同而已。要怎麼脫離這些約束？也是明顯的事，無需分析，只是願意與否而已。

（二）唯一屬天的約束是上帝的本性：聖潔、公義、和愛

上帝本性給上帝獨生子的約束是：
- **聖潔**：不能作任何不聖潔的事
- **公義**：不能作任何不公義的事：罪
- **愛**：全心愛上帝和愛人如己。因為上帝就是愛。

但這愛

受到聖潔和公義的約束

因此，

上帝不能不付贖價而原諒任何的罪

也因此，

在認識上帝的愛時

一定要在聖潔與公義的約束裏認識

可惜的是：這些上帝的本性，我們一項也無。更糟的是：既然一項也無，就表示我們完全不受這些約束。這樣的不受約束，不但不是福，反而是禍。

這樣的不受約束不但不是自由

更是我們沒有真正自由的根本原因！

謝謝上帝給此認識。

（三）有不能犯罪的自由

神學家告訴我們：
- 上帝造人之初，人有不犯罪的自由

- 一旦犯罪，就失去這自由
- 不但如此，從此只有犯罪的自由，使全人類都陷在這只能犯罪的光景中

和我們這些只能犯罪的人相比，上帝的獨生子、主耶穌基督卻有我們最羨慕的能力：

不能犯罪

（四）有不受試探的自由

雅各書教導：

- 上帝不能被惡試探
- 祂也不試探人

（1：13）。這是上帝的能力。

主耶穌在地上受四十天魔鬼的試探，然後再受三大試探，如馬太福音四章所記載。主耶穌受這些試探，是在人性的立場，為所有祂要拯救的人勝過試探而受。

主耶穌既無私慾，自然不會因私慾受到試探，如雅各書一章所教導。這就是上帝兒子不受試探的自由。

我們則不然。周身遍滿私慾，時時在試探的邊緣遊走。若非上帝憐憫，早已像所多瑪、俄摩拉的樣子了。

三、怎麼才能得到該有的自由？

其實答案很簡單：

像上帝的獨生子

既然聖子有上述一切的自由，我們又都是上帝接納的兒女，上帝對這些兒女的心意，就是

完全像祂的獨生子主耶穌基督

因此，問題變成：

怎麼才能完全像主耶穌？

這個答案留給每個讀者回答。因為這樣分析、想出的答案，最符合自己的需求，也最有可能實現，因為是自己想出的。

四、什麼是「天父兒子」的真理？

這本書是認識真理，和從真理得到自由。因此，「認識真理」是整本書的中心思想和重點。

這一章思考誰是上帝的兒子？作上帝的兒子，該遵循什麼標準和模式？這標準和模式就是「上帝兒子」的真理。

我們說得出這標準和模式嗎？如果說不出，就不知道該往那個方向改進。

「天父兒子」的真理就是作「天父兒子」的

最高、最終、最完全的道理

只有上帝的獨生子耶穌基督完全做到了

因此，

耶穌基督就是「天父兒子」的真理

五、這樣的真理能給我們自由嗎？

既然是「天父兒子」的真理，這真理又是耶穌基督自己。上面說過：

基督是唯一具有完全自由的一位

若能成為基督的模式，當然有基督具有的完全自由

這些推論、討論、和結論，似乎在兜圈子。其實不然。上面的思考和「兜圈子」至少帶來底下的認識：

- 我們可能得到基督保證的自由
- 這是曉得真理而有的自由
- 基督已經為我們證明了：祂是真理，以及祂有一切自由。那是我們的榜樣和保證
- 我們因此有盼望。這盼望帶來平安、喜樂。即使在患難中，也可以歡歡喜喜地盼望

- 從目前及將來可能陷入的不自由中，我們不再憂愁，不再畏懼。不再因前面的未知而茫然。不再在面對不自由的陷井時，懷疑上帝而失去信心
- 這些都是走天路需要的信心和盼望。也是藉著禱告，經歷喜樂和感恩福氣的良機

在這樣的基礎上，底下各章從主禱文的層面，一一思考使我們失去自由的可能與原因。這裏是一些例子：

- 生活在懼怕中，為什麼？
- 生活在患得患失中，為什麼？
- 生活在世人羨慕、卻沒有喜樂中，為什麼？
- 夫妻無和睦，了無寧日，為什麼？
- 不想看聖經，為什麼？
- 不想禱告，為什麼？
- 不想服事，為什麼？
- 不傳福音，為什麼？
- 不像基督徒，為什麼？
- 對信仰冷淡，不想追求成長，為什麼？
- 一天到晚在問：為什麼？為什麼？
- 懷疑上帝，為什麼？
- 不相信聖經，為什麼？

求聖靈藉著這些思考，帶給我們完全的自由。因為

聖靈來了，要帶領我們明白一切的真理

既是一切真理，就能給我們一切的自由

阿們。

第二章　「願人都尊你的名為聖」的真理與自由

一、什麼是「願人都尊你的名為聖」的真理

（一）什麼是「尊上帝為聖」的真理？

要回答這個問題，也許要先回答

● 什麼是「尊為聖」？

那又要先回答

● 什麼是「聖」？

　　　　　　什麼是「**聖**」？「**聖**」是什麼？

● 「聖」是心目中**最神聖**的事。

● **最不可侵犯**的事。

● 最不能隨便提及的事。

● 若態度隨便、或輕乎，就是褻瀆的事。

● 在這「聖」的面前，用**最莊重、最莊嚴、最尊重、最誠心**的態度：事奉，談論，和瞭解。

● 若要對這「聖」奉獻，一定是毫不猶豫地、全心、全意、全力、盡一切所能地奉獻。犧牲生命在所不惜，因為完全值得、完全應該，因為是我心中的至「聖」。

● 一切對這「聖」的態度，都出於自願、自發，完全沒有勉強、或強迫。

問：

● 人間有這樣的「聖」嗎？

● 有那個人給人這樣的感受？

● 在世上的君王面前，可能有人自願。也許更多的人是被迫。

如果要用人可能熟知的例子，也許在初戀時，女朋友在心中就有一點這樣的地位。人間如果沒有，就只有從信仰尋找。

（二）什麼是「尊上帝為聖」？

在各個宗教中，信徒可能都對他們所信的神，有上面所述的態度。這個事實本身也幫助說明什麼是「聖」，以及為什麼在人間，世人極難找到同樣的例子。

「尊上帝為聖」

就是至少要有如上面所述的態度或者更嚴謹的態度

一旦這「聖」的對象決定了，接著的重要事情是：

認識這位「聖者」

以及這位「聖者」要我作什麼和照著去作

那就是順服

對所有上帝所造的人類，這就是

尊上帝為聖

因為

這是我們對上帝最基本、最根本的認識和態度

因此，如筆者『**如何用主禱文禱告**』書中所述，

一旦這句主禱文被遵守了，其它七句主禱文都能遵守

這句主禱文若不能遵守，其它七句都不可能遵守

二、什麼是「願人都尊你的名為聖」的自由

● 首先，有『不因「不尊上帝為聖」而失去自由』的自由

● 其次，有『因「尊上帝為聖」』，而從上帝來的自由

現在一一思考。

（一）有『不因「不尊上帝為聖」而失去自由』的自由

這句主題似乎很拗口，不知所云。它的意思是：

「不尊上帝為聖」應該使人失去自由。所失去的自由，是指從上帝來的自由，在下一節思考。但是偏偏有人並未因此失去自由，繼續享有原有的自由。這是人類自從犯罪、離開上帝後，一直自以為擁有和享受的「自由」。問題是：

● 這樣的自由是什麼自由？

● 顯然不是從上帝來的。

● 然而活在這樣「自由」中的人，一點不覺得失去任何自由。

這是不認識上帝，乃至抵擋上帝、與上帝為敵、為仇，往毀滅道路走的人的情景。要形容這些人，要這些人認識自己所處的危險狀況，也許主耶穌的一段教導最合適：

● 康健的人用不著醫生。有病的人才用得著醫生。

● 我來，是為找罪人，不是找義人。

從日常生活，這是誰都明白和同意的事。問題是：

● 什麼是上帝眼中的康健？

● 什麼是上帝眼中的有病？

我們知道嗎？如果可以重組和借用主的話：

● 有自由的人，不需要自由。沒有自由的人，需要自由。

● 我來，是找沒有自由的人，不是找有自由的人。

同樣的，我們知道什麼是真自由嗎？難怪奧古斯丁告訴我們：

● 人自從犯罪後

● 失去了原來從上帝來的自由

● 從此只有一個自由：**犯罪的自由**

也就是說：

這人只能犯罪，沒有不犯罪的自由

若是有什麼自由，只有一種自由：繼續犯罪

（二）有『因「尊上帝為聖」』，而從上帝來的自由

要思考這一節，最有資格的人應該是：

● 從「不尊上帝為聖」而失去自由，再因為「尊上帝為聖」而得到自由的人。

他們能夠現身說法，比較兩者的差異，也就是說：

- 曾失去什麼自由？
- 又得到什麼自由？
- 是同樣的自由？
- 還是不一樣的自由？

筆者尚未有上述經歷。在此，只能從信仰的經歷作一些分析和揣測。

（1）「不尊上帝為聖」會失去什麼自由

不尊上帝為聖的人，活在與上帝隔絕的境況中。可以這樣說：

- 這人失去一切上帝要給人的自由
- 這人沒有向善的自由
- 沒有不犯罪的自由。不但在行動上如此，連心思、意念上也如此。因為在靈裏也已失去這自由。成為身、心、靈都沒有不犯罪的自由

反過來想，這樣的人有什麼自由？

- 犯罪的自由
- 偏行己路的自由
- 沒人管的自由
- 良心不責備的自由。因為連良心的作用都已失去了
- 快快樂樂、自由自在，想做什麼就可做什麼的自由

可以繼續寫下去。這看來非常吸引人的自由，可能正是大多數不認識上帝、不尊上帝為聖的人，所嚮往、所追求、和正在過的生活。這也是主耶穌教導的：

- 引到滅亡，那門是寬的，路是大的，進去的人也多。（馬太福音 7：13）

要如何讓這樣生活的人，醒悟他們的自由不是真自由，可能只有在他們認識：

- 這樣的自由只有一個結果：永遠與上帝隔絕，以及永遠在地獄裏

之後。那是所有基督徒的責任：**傳福音**。求上帝督促我們

無論得時不得時，務要傳道

阿們。

（2）「尊上帝為聖」給人什麼自由

「尊上帝為聖」給人什麼自由？可能要看每個人對「尊上帝為聖」的認識。因為這個認識決定「自由」的定義，「自由」的限度，和多想得到這種「自由」的意願。

在『**如何用主禱文禱告**』書中，提到

「尊上帝為聖」是整個主禱文七句禱文中最重要的一句

這一句決定基督徒能否以及願否遵守其它六句

按照這樣的認識，

「尊上帝為聖」給人的第一個自由是：

能夠遵守整個主禱文的自由

就像上面說的，是否同意這樣的說法，要看主禱文在人心目中的重要性。如果整個主禱文都能遵守，在『**如何用主禱文禱告**』書中又提出筆者的看法：

主禱文是上帝給世人一切問題的答案

若果然如此，

「能夠遵守主禱文」所帶來的自由

就是「按照上帝心意的一切自由」

這樣的思考，就沒有必要再一一列出是那些自由。而這樣的自由，也就是主耶穌說的

你們必曉得真理

真理必叫你們得以自由

其實仔細思想主耶穌的這句話，

這句話就是自由的真理

也是真正自由的最佳定義

感謝上帝這樣的教導。

(7/7/2014, 2:45 pm)：

上面所寫，如筆者言，是自己的猜想，因為沒有經歷。

感謝上帝，這兩天帶領筆者經歷沒有自由的痛苦。從而思考它的來龍去脈，因而連上此地思考的「自由」，和「失去真理」的不自由。

作「奴僕」應該是失去自由的原因，如主耶穌在本書最初所講的話。聖經講了兩種奴僕：

- 罪的奴僕
- 義的奴僕

這兩種奴僕的結果、截然不同：

- 罪的奴僕：以致於不法和死
- 義的奴僕：以致成義和成聖

（羅馬書6：16、19）。

- 「罪」的奴僕、是沒有自由的人
- 「義」的奴僕、是被主耶穌所釋放的人

當我們羨慕一樣事或人時，是失去自由的表徵嗎？答案是：

- 要看羨慕什麼？
- 羨慕天上的事？
- 還是羨慕地上的事？

若是羨慕地上的事，就如聖經說的：

- 屬地
- 屬情慾
- 屬鬼魔

的事，我們就成了

- 地的奴僕
- 情慾的奴僕
- 鬼魔的奴僕
- 若是羨慕屬天的事，就是羨慕天國的事，就是所有福氣的開始。

講這些比較，
- 不是紙上談兵
- 不是說教
- 不是唱高調

是
- 現身說法
- 經歷成為這樣屬地、屬情慾、屬鬼魔的奴僕，失去自由
- 被上帝挽回，重新思考的痛苦經歷

為什麼經歷這些痛苦？因為沒有尊上帝的名為聖。什麼是「尊上帝的名為聖」？這句主禱文，逼得筆者一再思考這問題的答案。因為那就是筆者經歷問題的根本關鍵。

「尊上帝為聖」至少有兩個意義：

尊重上帝所說的每一句話 和 看重上帝所看重的

如果上帝看重的我卻掉以輕心，就是「不尊上帝為聖」

眼下的經歷就是出於它。主耶穌在約翰福音12章26節教導：

若有人服事我，我父必尊重他

試問：
- 天下人間，還有什麼「被尊重」能比「**被上帝尊重**」更榮耀的、更永恆的、更不會失去的？

這正是我的煩惱、痛苦的根源。而這根源的根源、就是我

不尊上帝的名為聖

謝謝上帝，沒有拋棄我，沒有任我往毀滅的路上走的更深。把我帶回，想起上面主耶穌的話。當主的話一出現腦際，頓時恍然大悟，接著就是無比的羞愧和自責。

不要愛世界

人若愛世界，愛父的心就不在他裏面了

當愛父的心不存在時，我當然看不見基督，也不可能尊上帝為聖。這就是該被聖靈「為義、使我自己責備自己」之時、之事。

失去自由，因為失去真理。忘了

「被尊重」的真理是「上帝的尊重」

失去這個真理的原因、是

● 不尊上帝的名為聖

不尊上帝為聖的原因、是

● 愛世界過於愛上帝

這一切的結果、是

● 失去自由的痛苦

若不是上帝一再憐憫，早已像所多瑪、俄摩拉的樣子了。

除了感謝天父，感謝主耶穌，感謝聖靈，還有什麼可說的？

(7/7/2014, 3:24 pm)

主耶穌說：

● 人子得榮耀的時候到了。

● 一粒麥子，不落在地裏死了，仍舊是一粒。

● 若是死了，就結出許多子粒來。

● 愛惜自己生命的，就失喪生命。

● 在這世上恨惡自己生命的，就要保守生命到永生。

（約翰福音12：23-25）。

　　這段教導是極寶貴的真理。尤其和我們的一生、生命、生活、都有極大的關聯。可以有多方面的應用。這裏只思考在本段所思考的「**被尊重**」。主耶穌說：

- 我得榮耀的方法是「死」。
- 如果我們愛惜自己的生命，不願意為上帝死，永遠只是一粒麥子。是沒有作用、沒有生命的麥子。
- 若是願意為上帝死，就結出許多子粒。那是生命的流露。
- 從人的角度看，這人沒有了，不存在了，無意義了。因為人認為他死了。
- 但從上帝看，這人活了，而且直活到永遠。

　　現在思考這教導和「**被尊重**」的關聯。我們可能重視被尊重。問題是：被誰尊重？

- 人？
- 上帝？
- **被人尊重。那是死。**
- **被上帝尊重。那是活。**
- 被人尊重，始終還是一粒麥子。
- 被上帝尊重，就死了，並且結出許多子粒來。

我還繼續追求「被人尊重」嗎？至死不悟嗎？

(7/8/2014, 4:10 pm)

第三章　「願你的國降臨」的真理與自由

主耶穌向信祂的猶太人說：

● **你們必曉得真理，真理必叫你們得以自由**

這裏的一個前提是：這些人沒有自由，沒有主耶穌認定的自由。這自由是真自由，是「自由」的定義，是「自由」的真理。

這樣的自由在那裏有？顯然不在這世上。也就是說：在世上的國度裏，沒有這樣「真理的自由」。這「真理的自由」在那裏才有？在上帝的國裏。因此，要得到真理的自由，需要進入上帝的國。只有在上帝的國裏，才有「真理的自由」。

現在問題的中心就成了：

● 如何在上帝的國裏？

第一個要認識的是：**什麼是上帝的國？亦即：什麼是「上帝的國」的真理？**

一、什麼是「上帝的國」的真理

● 「上帝所在的地方」是上帝的國
● 「上帝創造的一切」是上帝的國
● 「上帝掌權的地方」是上帝的國

天上是上帝的國，沒有人會否認。地上呢？仍然是上帝的國嗎？

這是一個極具挑戰的問題。既是上帝所造，當然是上帝的國。但是，舉目望去，這世上有多少違背上帝的人和事。看不見上帝掌權，看不見上帝的公義，充滿罪惡，充滿抵擋上帝、污蔑上帝、與上帝為敵的人、事、物和學說。

這些觀察都是對的。也因此，主耶穌才說：

為義受逼迫的人有福了，因為天國是他們的

- 因為世界不是上帝的國，因此，任何屬於上帝國的人，活在這個不屬於上帝的世界中，必然會受到逼迫。
- 基督徒在世上受逼迫，因此是自然也必然的事。

反過來說，不受逼迫的基督徒只有兩種可能：

是基督徒，但不在這世界

在這世界，但不是基督徒！

- 你我為信基督受逼迫嗎？
- 別人知道我們是基督徒嗎？
- 我們傳福音，把人從魔鬼權下救出來嗎？
- 我們為主耶穌而活，照主所說，成為周圍人的光嗎？

因此可說：

在世上為基督受逼迫的人活在上帝的國裏

在世上不因基督受逼迫的人不活在上帝的國裏

二、什麼是「上帝的國」的自由

從人的角度，受逼迫是不自由的證明。因為

- 不能自由自在地生活
- 要活在逼迫之下
- 要對付逼迫、和應付因逼迫而引起的各種問題，包括身體的危險、和精神的壓力、恐懼、和損失

這些都是不自由的現象。接著就要問：既然如此的不自由，「上帝的國」有什麼自由？活在上帝國裏，還有什麼自由可言？這些問題也有道理。要回答，就不可避免地要從完全不同的角度思考，為「**自由**」重新下定義。

最好的思想方式，是從主耶穌在世上的日子看。

- 主耶穌有無自由？
- 如果有，那是什麼自由？
- **主耶穌的自由，就是主耶穌說「你們必得以自由」的「自由」，也是此處要明白的「上帝的國」的自由。**

讀四福音書，主耶穌在世上一點自由都沒有：

● 沒有休息的自由

● 沒有反抗的自由

● 沒有為自己辯駁的自由

● 沒有不死在十字架上的自由

這是人類歷史上最沒有自由的人。然而主耶穌卻說出：

● 凡勞苦擔重擔的人，可以到我這裏來，我就必使你們得安息。

什麼人有安息？可能很多人會認為越自由的人越有安息：因為沒有約束，沒人管，自由自在，隨心所欲。這裏卻讓我們看到一個完全相反的例子：

一個最沒有自由的人卻能給「最有自由」的人安息

因為那才是真正的安息

這裏又得到「**安息**」的真理：

主耶穌是真理

主耶穌自然也是「安息」的真理

主耶穌是真理

主耶穌自然也是「自由」的真理

感謝上帝，一下子把幾樣相關的真理都教導了。回到這一節的主題：

什麼是上帝的國的自由？

答案是：

主耶穌的自由

上面的思考，不但解釋上帝國的自由與世上的自由的完全不同，也指出如何得到這上帝國的自由。對思考和認識主耶穌說的：

你們必曉得真理，真理必叫你們得以自由

因此有了更合聖經的認識：

這個自由只有從曉得真理而來

主耶穌就是真理

因此，

這個自由只有從認識主耶穌而來

三、在「上帝的國」裏有什麼自由

循上面的思考，上帝國有什麼自由？就是要回答主耶穌有什麼自由。上面說過：主耶穌在世上時，什麼自由都沒有。那是根據世上眼光的看法。從上帝的看法，從聖靈的角度，這是**主耶穌的自由**：

- 有不能犯罪的自由
- 有絕對聖潔的自由
- 有盡心、盡力、盡性、愛上帝的自由
- 有憐憫人的自由
- 有捨己的自由
- 有捨命的自由
- 有赦罪的自由
- 有喜樂的自由
- 有平安的自由
- 有禱告的自由
- 有感謝的自由
- 有不說謊的自由
- 有榮耀上帝的自由
- 有尊上帝名為聖的自由
- 有遵行上帝旨意的自由
- 有得到無限聖靈的自由
- 有不受試探的自由
- 有勝過試探的自由

- 有脫離兇惡的自由
- 有勝過兇惡的自由
- 有一切國度、權柄、榮耀都歸給上帝的自由
- 有無限能力的自由（醫病、趕鬼、行異能、使死人復活）

如果這些自由是主耶穌說的自由，難怪那些「信祂」的猶太人沒有這些自由。不但沒有，反而在越聽主耶穌解釋自由之後，越反對主耶穌。這也為本書起始提出的疑問作一個解答。

四、自問：我在上帝的國裏嗎？

（一）我有上帝國的自由嗎？

從上面說的主耶穌的自由，我們立即可以自己省察：**我有這些自由嗎**？那是「**我是否在上帝國裏**」的一個檢驗之法。

這個問題的答案，給各人有多少在上帝國裏的指標。如果沒有，或是太少，對癥下藥之法就是底下的問題：

- 我認識「上帝國」的真理嗎？

（二）我認識「上帝國」的真理嗎？

可能我們都覺得認識上帝的國，也很難判定認識多少。現在因為思考自由，而有了一個指標。只要不自欺欺人，對上帝誠實，對自己誠實，就能因此知道自己的屬靈狀況。

認識上帝國的真理就是認識主耶穌自己

我多認識主耶穌？認識主耶穌有多重要？主耶穌對天父禱告時說：

認識你獨一的真神

並且認識你所差來的耶穌基督

這就是永生

從這句話，

認識主耶穌基督有生死之別的重要

再問自己：
- 我要上帝國的自由嗎？
- 我在上帝國裏嗎？
- 我認識主耶穌基督嗎？

第四章　「願你的旨意行在地上，如同行在天上」的真理與自由

一、什麼是「上帝旨意」的真理

首先，只要是「上帝旨意」的，都是「上帝旨意」的真理。

其次，什麼是「上帝旨意」？有的在聖經裏明白指出，比如：

- **要常常喜樂**
- **不住的禱告**
- **凡事謝恩**
- **因為這是上帝在基督耶穌裏向你們所定的旨意**（帖撒羅尼迦前書 5：16-18）

這可能是最清楚指出的上帝旨意。另外，還有許多經文提到是「上帝旨意」，比如：

- 基督照我們父上帝的旨意，為我們的罪捨己，要救我們脫離這罪惡的世代。（加拉太書 1：4）
- 上帝的旨意就是要你們成為聖潔，遠避淫行。要你們各人曉得怎樣用聖潔尊貴，守著自己的身體。（帖撒羅尼迦前書 4：3、4）
- 上帝的旨意若是叫你們因行善受苦，總強如因行惡受苦。（彼得前書 3：17）
- 不要作糊塗人，要明白主的旨意為何。（以弗所書 5：17）
- 又因愛我們，就按著自己意旨所喜悅的，預定我們藉著耶穌基督得兒子的名分，使祂榮耀的恩典得著稱讚。
- 這恩典是上帝用諸般智慧聰明，充充足足賞給我們的，都是照祂自己所定的美意，叫我們知道祂旨意的奧秘。
- 我們也在祂裏面得了基業，這原是那位隨己意行作萬事的，照著祂旨意所預定的。（以弗所書 1：5、9、11）

如上所說：

只要是上帝旨意的就是真理

既是真理就必帶來自由

二、什麼是「上帝的旨意」的自由

也許一個最簡單思考這個題目的方法，是思考上面說的「上帝旨意」帶來什麼自由。

（一）常常喜樂

如果一個人真的能夠常常喜樂，他應該是一個非常幸福、非常自由的人。因為他可以免去各種各樣的煩惱、苦惱、憂慮。還有誰比他更自由？那是世上金錢買不到，是每個人都極為羨慕的自由。

這樣的自由，得到的方法卻是出自**上帝的旨意**。意外嗎？

（二）不住的禱告

想得到上面說的自由嗎？得到的方法是**禱告**，而且是**不住的禱告**。

也許我不想禱告，因為環境、人生太讓我心灰意冷了。我沒有任何值得喜樂的事，沒有任何喜樂的理由。我被捆綁在灰心、自暴自棄、怨天尤人之中，沒有任何可以脫離苦海的徵兆。用這本書的主題：我完全失去自由。

走向自由的第一步就是禱告

在期望做到「**不住禱告**」之前，先開始第一步：**禱告**。

一禱告，人就和上帝開始溝通

一溝通，心中的負面心情開始向上帝流動

上帝的愛和安慰同時向我流動

越禱告，這樣的流動越強烈。

要達到完全的自由，需要不住的禱告

如果我有這樣從萬念俱灰的狀況中，藉著禱告被拯救出來的經驗，我就終於明白、死心塌地地接受

「上帝在基督耶穌裏向我所定的旨意」： 不住的禱告

（三）凡事謝恩

在筆者其它書中，多次思考「凡事謝恩」的意義和果效，以及為什麼上帝要有這樣的旨意。

既說「凡事」，就包括好的和壞的情況，而且多半是指壞的一面。順利時謝謝上帝，一點也不稀奇、不困難。稀奇和困難的是：在不順利時謝謝上帝。而且是

越不順利、越倒霉，越謝謝上帝
那才是「凡事謝恩」的真義

看到可以謝謝上帝的事，基督徒大概都會謝謝祂。「凡事謝恩」是說：

在凡事上都看到可以和應該謝謝上帝之事

因此才可能凡事謝恩

現在問題就是：

● 為什麼、和如何在最倒霉的事上，看到該謝謝上帝之處？

我們認為倒霉
因為從屬世的角度和得失看事情
從短暫的今生看得失
從體貼肉體的目標看一切

這都是世人的作法，當然他們不可能感謝任何上蒼。

上帝對祂的兒女因此有一個特別的旨意，要救他們脫離「苦海」。要讓他們明白

這些「苦海」
是上帝要帶領兒女靈命成長的特別安排
這些安排都是為了永恆靈命的益處

上帝的旨意是：

世人遇到苦海則埋怨

上帝兒女遇到苦海則感恩！

只有學習謝恩，基督徒才能明白上帝的旨意

只有凡事謝恩，基督徒才能得到真正的自由

（四）基督照我們父上帝的旨意，為我們的罪捨己，要救我們脫離這罪惡的世代

基督這樣做，上帝有此旨意

就是為了給我們真自由，從罪惡中釋放我們

（五）上帝的旨意就是要你們成為聖潔，遠避淫行。要你們各人曉得怎樣用聖潔尊貴，守著自己的身體

姦淫和淫亂都是使人失去自由的事

要從淫亂中得到自由，只有按照上帝的旨意活：

成為聖潔，遠避淫行

再一次，

上帝的旨意是要使我們得自由

（六）上帝的旨意若是叫你們因行善受苦，總強如因行惡受苦

因行惡受苦是失去自由

因行善受苦是得著自由

原來受苦也可能帶來自由，但要看是為何受苦。行惡就是活在罪中，成為罪的奴僕，當然失去自由。無需解釋。

● 行善是上帝喜悅的，自然有從上帝來的自由。

● 即使因此受苦，受逼迫，失去的是世上的平安，得到的卻是上帝的國。

● 失去的是地上的自由，得到的是天上的自由。

因為主耶穌保證：

● **為義受逼迫的人有福了，因為天國是他們的。**

既在上帝國裏，當然平安。這樣的平安是主耶穌自己的平安，是主耶穌上十字架前、在最後晚餐中、要給門徒的平安：

- **在世上你們有苦難，但我已經勝了世界。**
- **我將我的平安留給你們。我所賜的平安，不像世人所賜的。你們心裏不要憂愁，也不要膽怯。**

「因行善受苦」正是效法主耶穌，就有從主耶穌來的自由

（七）不要作糊塗人，要明白主的旨意為何

這裏說的「糊塗」不是世上的糊塗，因為世上有許多聰明、不糊塗的人。這裏說的「糊塗」是不屬天的糊塗：凡是不屬天的思維，都是糊塗。這樣的教導、提醒我們離開思想世上的事，多想天上的事。在天上的事中，一項極重要的是：

上帝的旨意以及明白這旨意

明白上帝旨意

不僅是知道而已，更是照著遵行

遵行上帝旨意的一個必然後果是：

得到真正的自由

三、想到上帝的旨意時，我有自由嗎？

當我知道一樣事情是上帝的旨意，而我明顯沒有、和不願意遵行時，心裏不可能有平安。

- 這就是沒有自由的證明

另一方面，照著上帝旨意行，就算繼續在困難中，周圍情況沒有因而改善，心中還是有平安和盼望。

- 這就是自由的證明

求上帝帶我對祂的旨意敏感

不要消滅聖靈的感動和責備

明白基督的真理，得到完全的自由

阿們。

四、我多愛「上帝旨意」的真理？

每一個對信仰認真的基督徒，大概都喜愛上帝旨意的真理，都願意照著行。當然在遵行的過程中，有不同反應和作法。很難定出一個標準，要求每個人都能照著做。

靈命成長是一生的事。上帝知道我們的軟弱，思念我們的本體不過是一陣去而不返的風。只要不放棄，依靠聖靈，戰勝肉體的怠惰，日日能向上帝說：我已盡力而為。剩下的就坦然無懼，全交給上帝了。

第五章 「我們日用的飲食，今日賜給我們」的真理與自由

在『如何用主禱文禱告』書中，詳細介紹

上帝所賜最好的日用飲食就是聖靈

因此，在筆者所有從主禱文思考的著作中，這一句禱文都從**聖靈**，而非身體的飲食，思考。

一、聖靈如何給人真理

聖經說：

- **聖靈就是真理**
- **真理的聖靈**

（約翰一書5：7；約翰福音14：17；16：13）。主耶穌說：

- **聖靈來了，要帶你們明白一切的真理**

聖靈是真理

聖靈當然能夠帶人明白一切真理

二、聖靈如何給人自由

從字面看:

- **聖靈是真理**
- **聖靈帶人認識真理**
- **真理給人自由**
- **聖靈當然給人自由**

這是我們當有的確信。現在要思考的是：聖靈因此「給人自由」的過程為何？

（一）使人因明白真理、而從捆綁中釋放得自由

從主耶穌說的

- **你們必曉得真理**
- **真理必叫你們得以自由**

以及上面幾章的思考，這樣得到自由是很清楚的事。但有一些需要注意的事：

- **願意**讓聖靈帶我們明白真理
- 對明白真理有**渴慕的心**
- **積極讀經**，晝夜思想

如果和一些我們羨慕、對真理遠比我們明白的前輩相比，可能他們就是在這幾方面勝過我們，以致能得到因饑渴慕義而得飽足的福氣。

（二）**聖靈自己直接動工、給人自由**

聖靈會這麼作嗎？非常可能。但

- 過程為何？
- 我們能感受嗎？
- 該如何反應和因應？

是此刻不明白的事，求聖靈親自教導。這是筆者的猜測：

- 向上帝求聖靈。如保羅在「以弗所書」（1：17）說的：求上帝賜給我們「賜人智慧和啟示的靈」，使我們真知道祂。**知道上帝就是知道真理，那就是得到自由。**
- 用這句主禱文，求聖靈帶我們**明白真理，得到自由。**
- 求聖靈責備，讓我們認識自己正處在何等不自由的困境。**知道自己不自由，才會向上帝求救。**就像主耶穌說的：「要知道自己有病，才會求醫。知道自己有罪，才會求主赦免。」
- 這樣的聖靈責備，正是主耶穌所說：「讓我們為義、自己責備自己，因為我們不再見主。」**沒有自由，因為沒有真理；沒有真理，因為不見基督。**

至少在這樣的粗淺認識上，看到一些可行性。感謝上帝的保守。

三、我所有的不自由、都是因為沒有聖靈嗎？

這個問題很難回答，甚至不知如何思考。聖經教導：

● 我們知道自己有永生，因為聖靈住在我們心裏

所以這裏先假設：我們都是已經得救的人。如果從聖靈的果子思考。沒有聖靈，就沒有這些果子。聖靈的果子是

● 仁愛
● 喜樂
● 和平
● 忍耐
● 恩慈
● 良善
● 信實
● 溫柔
● 節制

沒有這些聖靈果子的後果是什麼？是沒有自由嗎？還是可以直接說：

● **「沒有真理的聖靈，就沒有真理。沒有真理，就沒有自由」**？

如果這論點成立，上面問題的答案就可能是：

我所有的不自由都是因為沒有聖靈！

至少，這樣的思考指引了一個檢驗和努力的方向。不至於在黑暗中摸索，沒有自由。

四、比較聖經教導，看如何得自由

聖經繼續教導：

主的靈在那裏，那裏就得以自由

（哥林多後書3：17）。把這一句經文、和上面提到的其它經文相比：

● **你們必曉得真理，真理必叫你們得以自由**
● **基督說：我就是真理：我給自由**
● **聖靈就是真理：聖靈給自由**

- 只等真理的聖靈來了，祂要使你們明白一切的真理：叫你們得自由
- 主的靈在那裏，那裏就得以自由

這樣的對比，帶來下面的結論：

- 自由來自曉得真理
- 真理來自基督（基督是真理），來自基督的話
- 真理來自聖靈（聖靈是真理），來自聖靈的啟示，來自聖靈帶領我們明白真理

因此，

從上帝來的真自由

- 可能從**認識基督**而來
- 可能從**認識基督的話**而來
- 可能從**聖靈感動**而來
- 可能從**聖靈直接啟示**而來

求上帝繼續帶領，讓我們都不斷**從聖靈得到這自由**。阿們。

第六章　「免我們的債，如同我們免了人的債」的真理與自由

顧名思義，

- 「免債」是免掉別人欠我的債。
- 不需要他還，完全免掉，使他再也不欠我任何債。

這句主禱文有兩方面的「免債」：

- 上帝免我們欠祂的債
- 我們免人欠我們的債

這裏教導：上帝怎麼免我們的債，要看我們如何免別人的債：

- 我們免得越多，上帝也免我們越多
- 我們不肯免別人欠我們的債，上帝也不肯免我們欠上帝的債

現在思想幾樣和免債有關的事。

一、什麼是「免債」的真理

也許會覺得好笑：「免債」就是免債，也有真理可思考。既然思考真理，就是最高、最終、最完全、也最永恆的事。有這樣的「免債」嗎？

主耶穌講過一個例子：

- 有一個僕人，欠主人一千萬銀子，無法償還。僕人向主人懇求，主人完全免了他的債。
- 這僕人走出來，看見另一個僕人欠他十兩銀子，也無力償還。雖然他向第一個僕人懇求，卻得不到憐憫，被下到監獄。
- 主人知道後，大為震怒。收回對第一僕人的免債，把他下到監獄，等他自己還清所欠的債。

這裏有兩個需要被免債的僕人。主人原先免了第一個僕人的債。後來又收回，因為這人不肯免另一欠極小債務的人。

首先，這例子是用來解釋

● 上帝免我們的債，如同我們免了人的債

其次，這例子顯示

● 我們欠上帝的債，遠遠大於別人欠我們的債

主耶穌接著說：

● 你們若不從心裏饒恕人，我的天父也要這樣待你們

上帝對人的「免債」是「免債」的真理

為什麼？

● 人欠上帝的債，大到無法償還

● 上帝若不免人的債，人只有永遠被下在監獄

● 上帝結果完全免了人的債

● 上帝的免債方法，是用上帝的獨生子的降世為人，為人死，和復活

還有什麼樣子的「免債」、能比這樣的「免債」更高、更完全、更永恆？這就是「免債」的真理。

如果我欠人的債，我不可能心安理得，高枕無憂。一直要到完全還清了債，或被人完全免了債，心中才有平安，才有自由。

欠人越多，這樣的感覺越深。也越沒有自由，直等還完了債。在這樣的意義上，

要有自由只有不欠債

完全不欠債才完全平安完全自由

因此，

只有得到上帝免債的人才有真正的自由

也為此，

上帝要我們也免別人的債

讓他們也得著自由

感謝上帝這樣的寶貴教導。

二、不肯「免人的債」讓我失去什麼自由

被上帝免債，當然給人自由。這裏要思考的「免債」，是我們免別人的債。比較兩個狀況：

- 免人的債前
- 免人的債後

我們在什麼不一樣的心態中？

不肯免人的債，可能有各種原因。如果有人有錯，一定是欠我債的人、而不是我。只要我不免這人的債，這件事必然一直存在心裏，成為我自己的負擔。每次想起、可能就憤憤不平，因為那人對不起我。

別的不說，至少有一個效果：

- 我失去自由
- 我自己被這事捆綁

這就是我

不肯免人的債所失去的自由

三、什麼是「免債」的自由

上面說到：我失去自由，因為不肯免人的債。這失去的自由有多大？對我的困擾有多深？要看情況而定。

不論如何，我失去自由，或至少減少自由。多划不來。我作繭自縛，到頭來損失的是自己。

唯一得回自由的方法是免人的債

這正是「八福」第五福說的：

- 憐恤人的人有福了，因為他們必蒙憐恤

我一生需要上帝免債讓我重獲自由
我也須要免人的債讓我不失去自由
感謝上帝帶我學此寶貴功課。

四、如何免人的債

上面思考了免人債的後果：**得自由**。現在思考如何免人的債。前面提過：

最高的免債標準也是免債的真理就是上帝對我的免債

這是我免人債的目標和榜樣也是如何免債的指引

如何免債？

免債不是方法，是動機

免債有兩種可能動機：
● 出於**愛人**之心
● 出於**怕上帝**之心
● 多愛人、多免債
● 少愛人、少免債
● 不愛人、不免債
● 多怕上帝、多免債
● 少怕上帝、少免債
● 不怕上帝、不免債

聖經教導免債，如上面所述，非常清楚，無可推諉。問題是：
● 我們愛人嗎？
● 我們怕上帝嗎？

總結上面的思考，得到的結論是：

上帝免我們的債使我們得自由
我們若不免別人的債我們就失去自由
若免了人的債就使他得自由
我們也得回失去的自由

多奇妙的結果！

第七章 「不叫我們遇見試探」的真理與自由

受試探是失去自由的現象嗎？應該是

若是要對付試探和試探的後果，就不可能有自由之感。

私慾使人失去自由嗎？應該是

私慾使人無法自拔。為了滿足慾望，成了慾望的奴隸。那就是**失去自由**。

我們可能常常陷在這樣失去自由而不自知的狀況中

感謝上帝，藉著主禱文，給筆者思考和省察自己的機會。怎麼從試探和私慾中、重新獲得自由，是本章要思考的。

一、什麼是「不遇見試探」的真理

在『如何用主禱文禱告』書中，思考如何不遇見試探。提出兩個可能

- 沒有私慾
- 沒有機會

這是指所有世上的人。因為被造的人，只有人性，只有罪性。降世為人的基督耶穌，與被造的人截然不同：

既有神性，也有人性

神性不能被惡試探。受試探的是基督的人性部分

但是

基督完全勝過試探，沒有犯罪

這就是我們要思考和認識的事。

為什麼基督的人性可以勝過所有試探

而無一世人能勝過試探

基督既無私慾，又遇見試探。因此，和上面提到的兩個不受試探的可能完全不同。上面是因為人的軟弱，無法勝過試探。若

要不被試探打倒，只有消極一途：逃避試探。而要逃避試探，只有希望不遇到試探。因此才想出兩個可能：

● 沒有私慾

● 沒有機會

機會不是我們能控制的。唯一能盡力的，是使自己沒有私慾。但是基督提供一個真正、積極的方法：

面對試探，勝過試探

這是基督徒真正該思考和效法的。因此，

對「不遇見試探」不再從「不遇見」思考

而從

為什麼基督的人性能勝過試探？

而且是為了我們的緣故

積極、面對試探，接受試探和勝過試探

思考。

基督對試探的態度就是「不遇見試探」的真理

二、為什麼基督的人性能勝過試探？

如上面所說：

基督受試探是在人性裏，不是在神性裏

基督的人性中、沒有私慾

因此，

基督的受試探不是出於被私慾牽引誘惑

但是，

基督勝過所有的試探，沒有犯罪

因此，需要思考兩樣因素：

● 如何沒有私慾？

● **如何勝過試探？**

（一）如何沒有私慾？

在思考如何沒有私慾時，可能需要先思考

● 為什麼會有私慾？

● 和什麼是私慾？

先思想：什麼是私慾？

（1）什麼是私慾

顧名思義，「私慾」是「個人私有的慾望」。這些慾望都是錯的東西嗎？「慾望」不一定都是「人認為下流」的意念，只和「性」或「使人腐化」的事物有關。可能包括許多人認為是正當的事物。比如：

● 努力以正當方式，爭取成功、成名、和得到正當權位。

為什麼這些慾望、和其它上面提到的下流慾望一樣，會使人受試探？同樣把人帶向犯罪、和滅亡的路上？

（2）為什麼會有私慾

活在世上，有各種身體和生活的需要。孟子說「食、色性也」。如果是身體基本的飲食需要、和夫妻之間的性關係，那不是私慾。

但是在這些基本的生活需要之外，有越過它們的額外需求，那就開始形成私慾。比如：

● 為了滿足口腹之慾，追求山珍海味。那是私慾，是肉體的情慾。

● 在夫妻之外，尋求不正當的男女之情。那是私慾，是肉體的情慾。

其它對財、名、權、和享受的追求，都是私慾。有的是肉體的情慾，有的是眼目的情慾，有的是今生的驕傲。

● 如何認識自己的私慾？

● 如何認識這些私慾的危險？

- 如何對付這些私慾？
- 以及防止新的私慾的萌發

都是不容易、但卻極為重要的事。

（二）如何勝過試探？

前面及『**如何用主禱文禱告**』書中，都說到至少有兩個方法：

- 沒有私慾
- 沒有機會

因為私慾要遇到機會，才形成試探。若是勝不過試探，就可能軟弱、跌倒、乃至犯罪。

「沒有機會」全是上帝的憐憫與恩典。不要成天希望沒有機會，而任由自己的私欲萌發和茁壯。遲早會出事。

勝過試探，最基本的是

對付私慾

和

因為愛上帝，認識上帝，以得著基督為至寶

視萬事如糞土而沒有私慾

那是最有效的勝過試探之法，卻也是最不容易的事。因為整個牽涉到**認識基督**、**愛基督**、和**靈命成長**的事。這是上帝對我們一生的帶領。需要我們砌而不捨地、盡力對付私慾、和愛上帝，才能達成。

三、什麼是「不遇見試探」的自由

也許不要從字面思考。換一個角度，從**主耶穌的經歷**思考。

主耶穌不遇見試探嗎？

主耶穌受了許多試探。但是主耶穌沒有失敗，沒有犯罪

　　因此，「不遇見試探的自由」，不限於表面的沒有遇見試探。而是更積極地，當試探來臨，但我並沒有相關的私慾，卻能勝過試探。那才是真正的「**不遇見試探的自由**」的自由。

　　這樣的自由，如何得到？

效法主耶穌

　　這就是主耶穌說的：

你們必曉得真理

真理必叫你們得以自由

　　感謝上帝。

第八章　「救我們脫離兇惡」的真理與自由

一、什麼是「脫離兇惡」的真理

這個問題還真不容易回答。也許可以這樣思考：

完全不受兇惡的影響和轄治是脫離兇惡的真理

接著要思想的是：這句話所包含的函義。那些狀況合乎這條件？

● 當然第一個想到的是：

完全不跌到兇惡

但那是消極的想法。

● 第二個是積極的想法：

不怕兇惡，面對兇惡，戰勝兇惡

這是

● 如果我們因為各種原因，包括自己的軟弱、貪愛世界、和體貼肉體，導致魔鬼有可乘之機，因而陷自己於兇惡中。

● 那時只有面對兇惡、和盡力戰勝兇惡。

● 固然這是積極的應對，但起源還是我們自己的罪性所引起。

● 第三是**聖潔**而且**積極**的作法，那是**主耶穌自己的作法**：

沒有罪性，沒有軟弱

沒有體貼肉體，更沒有貪愛世界

卻因

不屬於世界，除了上帝以外沒有別的神

積極從魔鬼的權勢下搶救靈魂

從根本動搖魔鬼在世界的國本

因而引起魔鬼必欲除之而後快，所帶來的兇惡。

主耶穌這樣「面對兇惡，戰勝兇惡」

就是「脫離兇惡」的真理

二、什麼是「脫離兇惡」的自由

根據上面的幾樣對脫離兇惡的思考，得到的自由也有極大的區別。

（一）消極

既是消極，得到的自由也是有限，和可能暫時的。對靈命的幫助非常小，甚至可能沒有。因為沒有需要依靠上帝之時、之處，只是表面看似平安無事而已。

（二）自己造成；積極

對靈命有積極的幫助：

- 認識自己的致命傷。為此向上帝認罪、悔改，求上帝憐憫和幫助
- 經歷靠上帝與魔鬼爭戰、和戰勝的寶貴體驗
- 在上帝前謙卑、感恩、和讚美、喜樂

這些都是原來不知道、沒有經歷的自由。再聽、再看，都是風聞。經歷了，才知道這自由的寶貴。

（三）活在上帝旨意中；積極

這是主耶穌走的路

也是最能幫助我們認識主耶穌一切能力來源的最好方法

有甚麼自由？

這是「脫離兇惡」所帶來的真正自由

是主耶穌自己的自由

是主耶穌等著要賜給我們的自由

有興趣領取嗎？

三、我因為「兇惡」失去的自由

　　要思考這個題目，可能回到本書起頭所錄的約翰福音8章的經文。看看那些聽到主耶穌的話，而要殺主耶穌的猶太人的反應：

不但沒聽懂，不但沒警惕，反而回答：

我們從來沒有作過誰的奴僕，你怎麼說必得以自由呢

也許只要問自己：

● 　我自由嗎？

● 　我被任何事物捆綁嗎？

主耶穌回答這些猶太人：

所有犯罪的就是罪的奴僕

這是你我的光景嗎？如果是，那就是因為兇惡而失去的自由。

嚮往從基督的真理而來的自由嗎？

第九章　「國度、權柄、榮耀全是你的，直到永遠」的真理與自由

一、什麼是「國度、權柄、榮耀」的真理

這世上有有形的國度、權柄、與榮耀。也有無形的國度、權柄、與榮耀。乍看起來，似乎國度和權柄的有形與無形，一目了然。但是榮耀為何也有有形與無形？

世上的國度，有那個是最理想的？世上的權柄，有那個是最理想的？從古到今，從中到外，一個也沒有。不然就不會有那麼多的改朝換代，立國、和亡國。

世上也有各種有形的榮耀。那個是長久的？到頭來不都是：

固一世之雄也，而今安在哉

嗎？有形的政府，導致有形的國度和權柄。但也有無形的國度與權柄，包括：

- 錢財的國度與權柄
- 名利的國度與權柄
- 權利的國度與權柄

但是結果和有形的國度與權柄一樣：也是不能長久，遲早灰飛煙滅。不禁要問，每個人都該問，尤其是基督徒：

甚麼是永恆的國度、權柄、和榮耀？

甚麼是國度、權柄、和榮耀的真理？

最理想，最公正，最無私，最永遠不變的國度、權柄和榮耀

就是國度、權柄和榮耀的真理

這樣的真理只有出自上帝

只有基督所建立的國度、權柄和榮耀才是真理

因為基督是一切的真理

二、什麼是「國度、權柄、榮耀全是你的，直到永遠」的自由

當上面所說的真理的國度、權柄、和榮耀出現時，

住在這樣的國度裏，活在這樣的權柄下，享受這樣榮耀的人

就有

「國度、權柄、榮耀全是你的，直到永遠」的自由

這是所有上帝兒女的最高自由，最終自由和最喜樂的自由

願上帝旨意行在地上，如同行在天上

阿們。

結論

用幾個問題，自己問自己，再自己回答，作為上面思考的結論：

一、我自由嗎？

二、我的自由是真理的自由嗎？

三、我的沒有自由是因為不知道真理嗎？

四、主禱文的真理為何？

五、主禱文的自由為何？

六、我現在知道怎麼得到自由嗎？

總結

在本書起頭處，錄下主耶穌對信祂的猶太人講的一段話：

- 耶穌對信祂的猶太人說：你們若常常遵守我的道，就真是我的門徒。
- 你們必曉得真理，真理必叫你們得以自由。
- 他們回答說：我們是亞伯拉罕的後裔，從來沒有作過誰的奴僕，你怎麼說你們必得以自由呢？
- 耶穌回答說：我實實在在的告訴你們，所有犯罪的，就是罪的奴僕。
- 奴僕不能永遠住在家裏，兒子是永遠住在家裏。
- 所以天父的兒子若叫你們自由，你們就真自由了。

對話的最後結果是：這些猶太人，

不但不感謝主耶穌，不但不更相信主耶穌

反而完全和主耶穌作對，甚至要殺害主耶穌

今天主耶穌若是對所有信祂的基督徒說同樣的話，我們的反應是甚麼？像這些猶太人一樣，

因為說中了我們的要害

從此恨主耶穌，離開主耶穌

？還是因為

聽懂了主的話

因而認識了真理，得到了真理

而真正被主耶穌從原來捆綁我們的罪和因為偏行己路

而帶給我們的極大危險與痛苦中解救出來

？這是本書所思考和嘗試體驗的。

思考的是：明白真理

體驗的是：得著自由

願上帝看顧和祝福每一個

願意如此喜愛主的話

晝夜思想主的教導的人：

明白真理，進入真理

得到基督自己的自由

成為上帝心中最有福的人

阿們。

編後語

再次重溫上帝十幾年前藉著用主禱文禱告賜下的**真理**認識：
- 在基督裏
- 八福
- 真理與自由

一、在基督裏：

在本書中，從兩方面思考兩個聖經的真理：**在基督裏** 和 **主禱文**。

從主禱文認識在基督裏

從在基督裏認識主禱文

這是第一次，從另一聖經真理，「**在基督裏**」，認識主禱文。這樣的認識，若沒有聖靈的感動，完全不可能實現在筆者的無知裏。

總結本書的心得：

- 主禱文就是「在基督裏」。只有在基督裏，九句主禱文才能實現
- 上帝在基督裏揀選我們，就是在主禱文的九句裏揀選
- 用「在基督裏」認識主禱文
- 用主禱文認識「在基督裏的揀選」
- 主禱文就是「在基督裏」主自己的榜樣

這都引向日後領受的

主禱文就是基督論

見『**天路旅程**』書十一章（已由Amazon 出版）

二、八福：

對**八福**的認識，在寫本書前，已在『**生命認識聖經**』和『**啟示福音**』書中思考。那是筆者「**從主禱文思考**」**前**的理解方式。在此書中，對八福的認識來自

直接以主禱文的九句禱文為指引

因此，在已有的認識上，**加上九層從主禱文角度**的認識。

讀者若以本書所記與已有的認識作比較，更易看出從主禱文層次認識的不同。可以此作初學

不靠禱告，只以主禱文為指引認識聖經

的入門參考。

三、真理與自由：

從主禱文的真理

得到主禱文的自由

『(8/15/2013, 8:47 am)

謝謝上帝解我疑惑。用我自己的經歷，認識主的教訓。

1.　「你們必曉得真理，真理必叫你們得以自由」。真理就是主耶穌。因此，天父的兒子叫你們自由，就真自由。

2.　我一直重視、追求人間的尊重。過去求研究界的尊重，現在求教會與弟兄姐妹的尊重，卻忘了求上帝的尊重。我一直在這捆綁中，那就是不自由。

3.　只要我不活在真理中，就在魔鬼的權勢下，就不自由。

4.　只有認識真理，知道「被尊重」的真理，我才會自由。「被尊重」的真理就是「被上帝尊重」。感謝上帝，我知道（風聞），卻今天才「眼見」。從此我該經歷和得著。謝謝上帝，既釋放我，又使我知道怎麼講「真理與自由」信息。

5.　既不再求人的尊重，就不再患得患失。只求上帝的尊重，全心全力服事主耶穌。用主禱文的原則服事，服每一件

事。對我言，就是教導和講道。『主禱文.服事主』又是一本書了。感謝上帝。

感謝上帝，把我造成這樣一個世上可憐、天上可憐的人。上帝又藉這樣的帶領，給我認識，給我福氣。我完全不配，但上帝卻一再賜下。謝謝，謝謝，謝謝。

謝謝主耶穌的一切教導和榜樣，又太多、太多要思想的真理。謝謝主的揀選。求主耶穌憐憫我的剛硬和愛世界。求主帶我用聖靈的愛愛祂，才能餵養主的羊。不再用肉體愛自己的愛來愛祂，只有絆倒所有的人。

謝謝聖靈，帶我今早禱告，賜下這麼多認識。又帶我立即寫下，而不急著打拳。求聖靈帶我更順從和體貼祂，給我生命與平安。阿們。』

上面這段禱告，用在寫『**主禱文.服事主**』書的「楔子」。也從這段禱告，決定寫本書『**主禱文.真理與自由**』。因為也是從這樣的禱告中，認識**自己正活在何等的不自由中**。

上帝藉這禱告把筆者釋放

認識真理，得到自由

在本書起頭處，錄下主耶穌對信祂的猶太人講的一段話：

- **你們必曉得真理，真理必叫你們得以自由。**
- **所以天父的兒子若叫你們自由，你們就真自由了。**

對話的最後結果是：這些猶太人，

不但不感謝主耶穌，不但不更相信主耶穌

反而完全和主耶穌作對，甚至要殺害主耶穌

今天主耶穌若是對所有信祂的基督徒說同樣的話，我們的反應是甚麼？像這些猶太人一樣，

因為說中了我們的要害

從此恨主耶穌，離開主耶穌

？還是因為

聽懂了主的話

因而認識了真理，得到了真理

而真正被主耶穌從原來捆綁我們的罪和因為偏行己路

而帶給我們的極大危險與痛苦中解救出來

？這是本書所思考和嘗試體驗的。

思考的是：明白真理

體驗的是：得著自由

願上帝看顧和祝福每一個

願意如此喜愛主的話畫夜思想主的教導的人：

明白真理，進入真理

得到基督自己的自由成為上帝心中最有福的人

阿們。（1/14/2024）

如多書中所述，自從1965年被聖靈嚴厲責備後，**不敢說謊**。其後近六十年中，因說實話，不知吃了多少虧，尤其在工作上。感謝上帝，活到今天。這幾天再次為此苦惱。在深夜禱告中，問上帝該怎麼做。假裝而自保嗎？得到的經文是以弗所書一章（3-5節）的

- **願頌讚歸與我們主耶穌基督的父上帝。他在基督裏曾賜給我們天上各樣屬靈的福氣。**
- **就如上帝從創立世界以前，在基督裏揀選了我們，使我們在他面前成為聖潔，無有瑕疵。**
- **又因愛我們，就按著自己意旨所喜悅的，預定我們藉著耶穌基督得兒子的名分。**

這

成為聖潔，無有瑕疵

就是**上帝給兒子**的答案！太清楚了。

只要說謊，包括假裝，就是魔鬼的兒女

又想到主耶穌的教導：

人若賺得全世界，賠上自己的生命，有什麼益處呢？

人還能拿什麼換生命呢？

想想：又是

在基督裏

又是

明白真理，得以自由

而所得的正是

八福的福氣

太感謝上帝的教導了。感謝上帝，感謝主耶穌，感謝聖靈。阿們。（3/20/2024）

關於作者

張慶安

- 生於西安，成長於台灣
- 1963 年 畢業於中興大學農化系
- 1964 年 信主
- 1967 年 獲得美國科羅拉多州立大學物理化學碩士
- 1970 年 獲得加州大學柏克萊分校物理化學博士
- 1970-1971 年 任教台灣清華大學
- 1975-1996 年 紐約 IBM 研究中心工作
- 2003-2006 年 任教台灣長庚大學
- 發表 200 餘篇科研著作
- 發表 100 餘本基督信仰書籍

(見 chinanchangblog.blogspot.com)

1.『基督徒信仰簡介』2004（christianfaithintroduction.blogspot.com）

2.『學拳記』2006 (kungfujourneycac.blogspot.com)

3.『詩詞集』2006 (poemscac.blogspot.com)

4.『如何用主禱文禱告』2009 (howtopraywithlordsprayer.blogspot.com)

5.『蟻族十三篇』 2010 (antsgroup13.blogspot.com)

6.『用生命認識聖經』 2010 （knowingbiblewithlife.blogspot.com）

7.『啟示福音』 2011（revealinggospel.blogspot.com）

8.『主禱文II. 信望愛』2011
(thelordismyshepherdifaithhopelove.blogspot.com)

9.『主禱文.真知道祂』 2012 (lordsprayerknowhim.blogspot.com)

10.『主禱文III. 捨己與十字架』 2012
(selfdenialandcrosslordsprayer.blogspot.com)

11.『主禱文IV. 凡事謝恩』2012
(alwaysthanklordsprayer.blogspot.com Parts 1, 2) 此link內另有其它五書

12.『林來瘋十三篇』2012 (linsanity13essays.blogspot.com)

13.『主禱文V. 道路真理生命』2013
(alwaysthanklordsprayer.blogspot.com Parts 3, 4) 見『凡事謝恩』書

14.『主禱文VI. 在基督裏』2013 (alwaysthanklordsprayer.blogspot.com
Parts 5, 6) 見『凡事謝恩』書

15.『主禱文VII. 只見耶穌』2013
(alwaysthanklordsprayer.blogspot.com Part 7) 見『凡事謝恩』書

16.『主禱文VIII. 十字架十三篇』2013
(alwaysthanklordsprayer.blogspot.com Part 8) 見『凡事謝恩』書

17.『主禱文與服事主 I. 基督的服事』2013
(lordsprayerjesusserving.blogspot.com)

18.『主禱文IX. 人活著十三篇』2014
(alwaysthanklordsprayer.blogspot.com Part 9) 見『凡事謝恩』書

19.『認識主耶穌基督：從亙古到永遠』2014

(knowinglordjesuschristeverlasting.blogspot.com Parts 1-3)

20.『從主禱文認識聖經』2014

(knowingbiblefromlordsprayer.blogspot.com Parts 1, 2)

21.『從主禱文認識以弗所書I.』2014

(ephesianslordsprayerI.blogspot.com Parts 1-3)

22.『主禱文. 八福』2015 (beatitudeslordsprayer.blogspot.com)

23.『主禱文X. 真理與自由』2015

(truthsetyoufreelordsprayer.blogspot.com)

24.『從主禱文認識約翰一書I. 我們在天上的父』 2015

(firstjohnlordsprayerI.blogspot.com)

25.『主禱文. 賞賜』2015 (rewardlordsprayer.blogspot.com)

26.『你在那裏』 2015(whereareyou.blogspot.com)

27.『信心與安息』2015 (faithandrest.blogspot.com)

28.『主禱文. 羅馬書八章 I.』2015 (romans8lordsprayerI.blogspot.com)

29.『主禱文. 生命的糧』2015 (breadoflifelordsprayer.blogspot.com)

30.『主禱文. 復活』2015(resurrectionlordsprayer.blogspot.com)

31.『主禱文. 信心與行為』2015 (faithdeedlordsprayer.blogspot.com)

32.『主禱文. 真知道祂.在基督裏 I.』2015

(knowhiminchristlordsprayerI.blogspot.com Parts 1, 2)

33.『從主禱文認識啟示錄 I.』2015 (revelationlordsprayerI.blogspot.com)

34.『進化論十三篇』2015 (evolution13essay.blogspot.com)

35.『真知道祂. 我們在天上的父 I.』2015

(knowhimourfatherinheavenI.blogspot.com Parts 1-3)

36.『真知道祂. 我們在天上的父 II.』2015

(knowhimourfatherinheavenII.blogspot.com Parts 1-3)

37.『真知道祂. 我們在天上的父 III.』2015

(knowhimourfatherinheavenIII.blogspot.com)

38.『真知道祂. 我們在天上的父 IV.』2016
(knowhimourfatherinheavenIV.blogspot.com)

39.『真知道祂. 主耶穌的禱告』2016 (knowhimjesusprayer.blogspot.com)

40.『真知道祂. 我們在天上的父 V.』2016
(knowhimourfatherinheavenV.blogspot.com)

41.『主禱文.基督的奧秘 I. 1 八福』2016
「基督的奧秘」系列：「登山寶訓」系列
(mysteryofchristlordsprayerI1.blogspot.com Parts 1-3)

42.『主禱文.基督的奧秘 I. 2 好行為』2016
(mysteryofchristlordsprayerI2.blogspot.com)

43.『主禱文. 基督的奧秘 I. 3 成全律法』2016
(mysteryofchristlordsprayerI3.blogspot.com)

44.『主禱文. 基督的奧秘 I. 4 愛仇敵』2016
(mysteryofchristlordsprayerI4.blogspot.com)

45.『主禱文.基督的奧秘 I. 5 從主禱文認識主禱文』2016
(mysteryofchristlordsprayerI5.blogspot.com Parts 1-3)

46.『主禱文. 基督的奧秘 I. 6 愛上帝』2016
(mysteryofchristlordsprayerI6.blogspot.com)

47.『主禱文. 基督的奧秘 I. 7 不為生活憂慮』2016
(mysteryofchristlordsprayerI7.blogspot.com)

48.『主禱文. 基督的奧秘 I. 8 求上帝的國和義』2016
(mysteryofchristlordsprayerI8.blogspot.com)

49.『主禱文. 基督的奧秘 I. 9 不論斷』2016
(mysteryofchristlordsprayerI9.blogspot.com)

50.『從主禱文認識主禱文』2016
(fromlordsprayertolordsprayer.blogspot.com Parts 1-3)

51.『主禱文. 基督的奧秘 I. 10 遵行天父旨意』2016
(mysteryofchristlordsprayerI10.blogspot.com Parts 1, 2)

52.『主禱文. 基督的奧秘 II. 1 主耶穌謙卑榜樣』2016
「最後晚餐教訓」系列
(mysteryofchristlordsprayerII1.blogspot.com Parts 1, 2)
53.『主禱文. 基督的奧秘 II. 2 彼此相愛』2016
(mysteryofchristlordsprayerII2.blogspot.com Parts 1, 2)
54.『主禱文. 基督的奧秘 II. 3 主是道路真理生命』2016
(mysteryofchristlordsprayerII3a.blogspot.com Parts 1-3)
55.『基督的奧秘.道路真理生命』
2016(mysteryofchristwaytruthlife.blogspot.com Parts 1-3)
56.『主禱文. 基督的奧秘 II. 4 看見主就是看見天父』2016
(mysteryofchristlordsprayerII4.blogspot.com Parts 1, 2)
57.『主禱文. 基督的奧秘 II. 5 賜聖靈』2016
(mysteryofchristlordsprayerII5.blogspot.com Parts 1-4)
58.『從主禱文認識聖靈 I. 聖靈的工作』2016 （認識聖靈系列）
(knowholyspiritfromlordsprayer.blogspot.com Parts 1-4)
59.『黑夜已盡白晝終至』2016
(nightoverdawnhere.blogspot.com Parts 1-4)
60.『主禱文. 基督的奧秘 II. 6遵守主命令就是愛主』2016
(mysteryofchristlordsprayerII6.blogspot.com Parts 1-3)
61.『尊上帝為聖』2016
(compiledlordsprayerII.blogspot.com Parts 1-5)
62.『主禱文. 基督的奧秘 II. 7主是葡萄樹』2016
(mysteryofchristlordsprayerII7.blogspot.com Parts 1-3)
63.『主禱文. 基督的奧秘 II. 8主的揀選』2017
(mysteryofchristlordsprayerII8.blogspot.com Parts 1-3)
64.『主禱文. 基督的奧秘 II. 9聖靈帶領』2017
(mysteryofchristlordsprayerII9.blogspot.com Parts 1-4)

65.『從主禱文認識聖靈 II.聖靈的工作 』2017
(knowholyspiritfromlordspayerII.blogspot.com Parts 1-4)
66.『主禱文. 基督的奧秘 II. 10成全天父託付』2017
(mysteryofchristlordsprayerII10.blogspot.com Parts 1-6)
67.『主禱文. 基督的奧秘III. 1主耶穌的試探』』2017
「對觀福音教訓」系列
(mysteryofchristlordsprayerIII1a.blogspot.com Parts 1-3)
68.『從主禱文認識聖靈 III. 聖靈的果子』2017
(knowholyspiritfromlordsprayerIII.blogspot.com Parts 1-3)
69.『主禱文. 基督的奧秘III. 2安息』2017
(mysteryofchristlordsprayerIII2a.blogspot.com Parts 1-4)
70.『主禱文. 基督的奧秘III. 3撒種比喻』2017
(mysteryofchristlordsprayerIII3a.blogspot.com Parts 1-4)
71.『主禱文. 基督的奧秘III. 4耶穌是誰』2017
(mysteryofchristlordsprayerIII4a.blogspot.com Parts 1-3)
72.『主禱文. 基督的奧秘III. 4I上帝的兒子』2017
(mysteryofchristlordsprayerIII4Ia.blogspot.com Parts 1-5)
73.『主禱文. 基督的奧秘III. 4II上帝的兒子』2017
(mysteryofchristlordsprayerIII4IIa.blogspot.com Parts 1-4)
74.『主禱文. 基督的奧秘III. 4III上帝的兒子』2017
(mysteryofchristlordsprayerIII4IIIa.blogspot.com Parts 1-6)
75.『從主禱文認識聖靈 IV. 賜聖靈』2017
(knowholyspiritfromlordsprayerIV.blogspot.com)
76.『主禱文. 基督的奧秘III. 4IV耶穌是基督』2017
(mysteryofchristlordsprayerIII4IVa.blogspot.com Parts 1-4)
77.『主禱文. 基督的奧秘III. 4V基督.上帝的兒子』2018
(christmysterylordsprayerIII4V.blogspot.com Parts 1-4)

92.『主禱文．基督的奧秘 III. 14 揀選保羅』2019
(christmysterylordsprayerIII14.blogspot.com Parts 1-4)

93.『主禱文．基督的奧秘 III. 15 不要怕只管講』2019
(christmysterylordsprayerIII15.blogspot.com Parts 1-4)

94.『主禱文．基督的奧秘 IV. 1 太初有道道成肉身』2019
「約翰福音教訓」系列
(christmysterylordsprayerIV1a.blogspot.com Parts 1-5)

95.『主禱文．基督的奧秘 IV. 2 重生永生』2019
(christmysterylordsprayerIV2.blogspot.com Parts 1-4)

96.『主禱文．基督的奧秘 IV. 3 心靈誠實敬拜上帝』2019
(christmysterylordsprayerIV3.blogspot.com Parts 1-4)

97.『主禱文．基督的奧秘 IV. 4 只求差我來者的意思』2019
(christmysterylordsprayerIV4.blogspot.com Parts 1-4)

98.『主禱文．基督的奧秘 IV. 5 生命的糧』2019
(christmysterylordsprayerIV5.blogspot.com Parts 1-5)

99.『主禱文．基督的奧秘 IV. 6 曉得真理得以自由』2020
(christ1ysterylordsprayerIV6.blogspot.com Parts 1-4)

100.『生命的珍惜』(preciouslifecac.blogspot.com) 2020

101.『主禱文．基督的奧秘 IV. 7 好牧人為羊捨命』2020
(christmysterylordsprayerIV7.blogspot.com Parts 1-5)

102.『主禱文．基督的奧秘 IV. 8 上帝的尊重』2020
(christmysterylordsprayerIV8.blogspot.com Parts 1-4)

103.『主禱文．基督的奧秘 IV. 9 信主耶穌復活』2020
(christmysterylordsprayerIV9.blogspot.com Parts 1-5)

104.『主禱文．基督的奧秘 IV. 10 主耶穌問：你愛我麼』2020
(christmysterylordsprayerIV10.blogspot.com Parts 1-5)

105.『餵養和牧養主耶穌的羊』2020
(feedandshepherdlordssheep.blogspot.com Parts 1-3)

106.『主禱文. 基督的奧秘 V. 1 耶穌基督的啟示』2020

「啟示錄教訓」系列

(christmysterylordsprayerV1.blogspot.com Parts 1-4)

107.『主禱文. 基督的奧秘 V. 2 以弗所、示每拿、別迦摩』

2020 (christmysterylordsprayerV2.blogspot.com Parts 1-4)

108.『主禱文. 基督的奧秘 V. 3 推雅推喇、撒狄教會』2020

(christmysterylordsprayerV3.blogspot.com Parts 1-7)

109.『主禱文. 基督的奧秘 V. 4 非拉鐵非、老底嘉教會』2020

(christmysterylordsprayerV4.blogspot.com Parts 1-7)

110.『主禱文. 基督的奧秘 V. 5 主阿我願你來』2020

(christmysterylordsprayerV5.blogspot.com Parts 1-7)

111.『基督的愛. 道路真理生命1a 聖父聖子聖靈』2020

(loveofchrist1a.blogspot.com Parts 1-5)

「基督的愛」系列

112.『基督的愛. 道路真理生命1b 聖父聖子聖靈』2020

(loveofchrist1b.blogspot.com Parts 1-4)

113.『基督的愛. 道路真理生命1c 聖父聖子聖靈』2020

(loveofchrist1c.blogspot.com Parts 1-4)

114.『基督的愛. 道路真理生命1d 聖父聖子聖靈』2020

(loveofchrist1d.blogspot.com Parts 1-4)

115.『基督的愛. 道路真理生命2 基督的神性』2020

(loveofchrist2.blogspot.com Parts 1-4)

116.『基督的愛. 道路真理生命3a基督與天父』2021

(loveofchrist3a.blogspot.com Parts 1-6)

117.『基督的愛. 道路真理生命3b 基督與天父』2021

 (loveofchrist3b.blogspot.com Parts 1-6)

118.『基督的愛. 道路真理生命4a基督與聖靈』2021

(loveofchrist4a.blogspot.com Parts 1-6)

119.『基督的愛. 道路真理生命4b基督與聖靈』2021
(loveofchrist4b.blogspot.com Parts 1-6)

120.『天路旅程』2021 (heavenlyjourneycac.blogspot.com)

121. 『從主禱文認識聖靈V.聖靈恩賜』2021
(knowholyspiritfromlordsprayerV.blogspot.com Parts 1-6)

122.『基督的愛. 道路真理生命5a 基督與聖經』2021
(loveofchrist5a.blogspot.com Parts 1-5)

123.『主禱文.基督與新約』2021
(christandnewtestament.blogspot.com Parts 1-6)

124.『基督的愛.道路真理生命5b基督與聖經』2021
(loveofchrist5b.blogspot.com Parts 1-6)

125.『主禱文.基督與舊約』2021
(christandoldtestament.blogspot.com Parts 1-6)

126.『主禱文.認識基督徒』2021
(lordsprayerknowchristians.blogspot.com Parts 1-5)

127.『生命的認識.認識上帝、基督、聖靈、聖經』2022
(knowingfaithbylife.blogspot.com Parts 1-6)

128.『生命認識上帝的旨意』2022
(knowingGodwillbylife.blogspot.com)

129.『從主禱文認識以弗所書 II.』2022
(ephesianslordsprayerII.blogspot.com, Parts 1, 2)

130.『從主禱文認識聖靈VI.基督徒的生命認識』2022
(knowholyspiritfromlordsprayerVI.blogspot.com)

131.『啟示福音II.約翰福音與羅馬書』2022
(revealinggospelII.blogspot.com)

132.『基督的愛.道路真理生命6基督的創造』2022
(loveofchrist6.blogspot.com Parts 1-6)

133.『酷暑的清涼劑』(acolddropcac.blogspot.com) 2022

134.『流浪者之歌』(songofwanderer.blogspot.com) 2022

135.『基督徒的兩個生命：屬土與屬天』
(earthlyandheavenlylives.blogspot.com Parts 1-6) 2022

136.『基督的愛.道路真理生命7A道成肉身論』2022
(loveofchrist7A.blogspot.com Parts 1-4)

137.『知恩.感恩.報恩』(knowgodsgrace.blogspot.com) 2022

138.『到上帝前』(cometogodcac.blogspot.com) 2022

139.『基督的愛.道路真理生命8基督的人性』2022
(loveofchrist8.blogspot.com Parts 1-4)

140.『新造的人』2022 (newlycreated.blogspot.com Parts 1-4)

141.『基督的愛.道路真理生命8A基督的人性』2023
(loveofchrist8A.blogspot.com Parts 1-3)

142.『新造的人A』2023 (newlycreatedA.blogspot.com Parts 1-3)

143.『基督的愛.道路真理生命8B基督的人性』2023
(loveofchrist8B.blogspot.com Parts 1-3)

144.『新造的人B』2023 (newlycreatedB.blogspot.com Parts 1-3)

145.『基督徒的神性與人的罪性』2023
(godlychristianandsinfulhuman.blogspot.com Parts 1-3)

146.『基督徒的服事』2023 (christianservingcac.blogspot.com)

147.『主禱文.讀經禱告傳福音』2023
(lordsprayerbibleprayergospel.blogspot.com Parts 1-3)

148.『主禱文.讀經禱告傳福音A』2023
(lordsprayerbibleprayergospelA.blogspot.com Parts 1,2)

149.『主禱文.讀經禱告傳福音B』2023
(lordsprayerbibleprayergospelB.blogspot.com Parts 1,2)

150.『主禱文禱告選集』2023
(lordsprayercollection.blogspot.com Parts 1-3)

從主禱文認識聖經

III. 在基督裏、八福、真理與自由

Knowing The Bible Through The Lord's Prayer (Volume 3)

作　　者 / 張慶安（Chin-An Chang）

出版者 / 美商 EHGBooks 微出版公司

發行者 / 美商漢世紀數位文化公司

臺灣學人出版網：http：//www.TaiwanFellowship.org

地　　址 / 106 臺北市大安區敦化南路 2 段 1 號 4 樓

電　　話 / 02-2701-6088 轉 616-617

印　　刷 / 漢世紀古騰堡®數位出版 POD 雲端科技

出版日期 / 2024 年 7 月

總經銷 / Amazon.com

臺灣銷售網 / 三民網路書店：http：//www.sanmin.com.tw

三民書局復北店

地址 / 104 臺北市復興北路 386 號

電話 / 02-2500-6600

三民書局重南店

地址 / 100 臺北市重慶南路一段 61 號

電話 / 02-2361-7511

全省金石網路書店：http：//www.kingstone.com.tw

定　　價 / 新臺幣 750 元（美金 25 元 / 人民幣 168 元）

www.ingramcontent.com/pod-product-compliance
Lightning Source LLC
Chambersburg PA
CBHW061337160726
47995CB00001B/75